JN111526

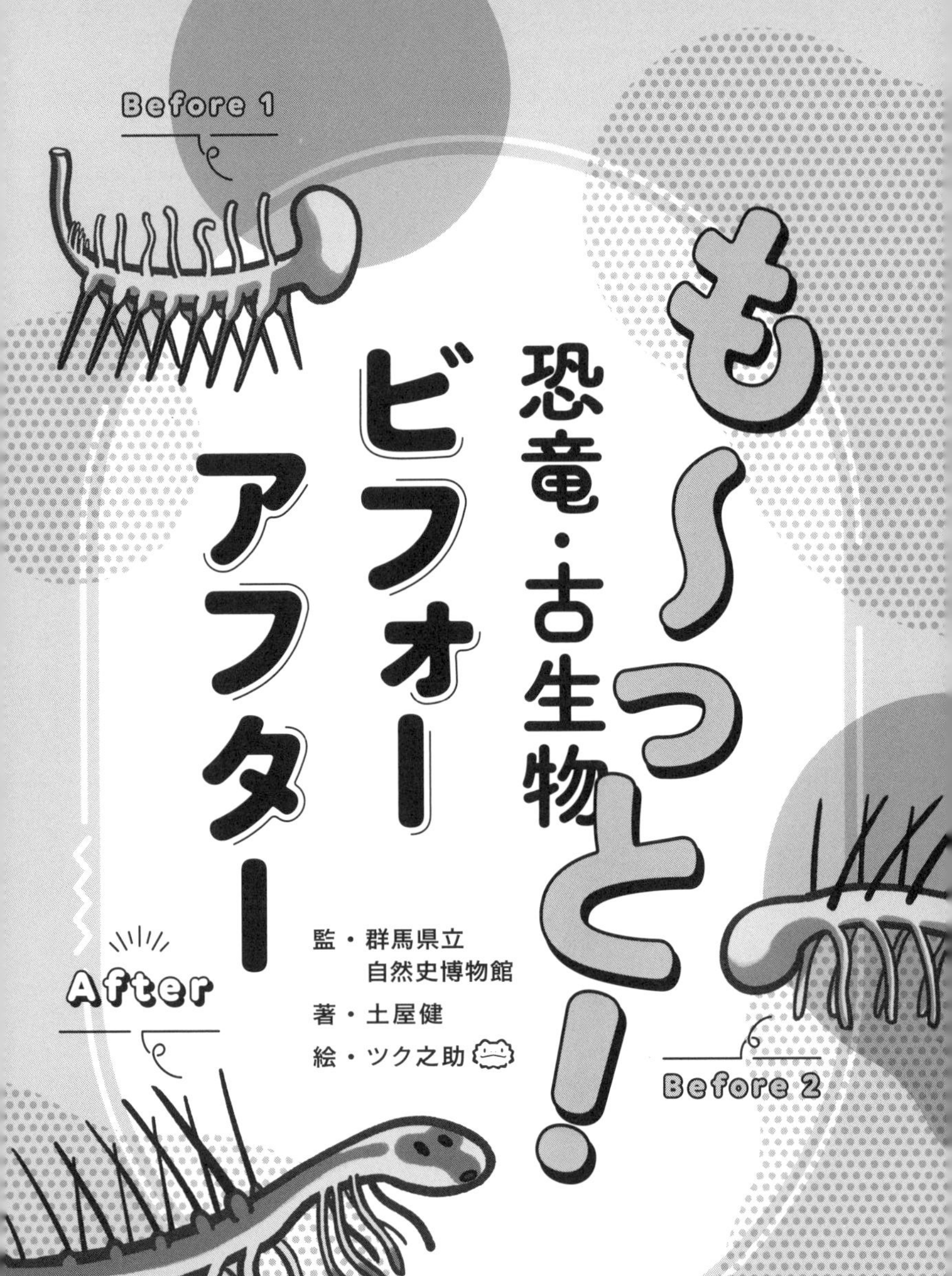


# も〜っと! 恐竜・古生物ビフォーアフター

監・群馬県立自然史博物館
著・土屋健
絵・ツク之助

イースト・プレス

# はじめに

久しぶりに、恐竜図鑑を開いてみると、「あれ？　姿がちがう？」。

久しぶりに、恐竜番組を観てみると、「昔からこんな風に動いていたかな？」。

そう感じられる方は、少なくないと思います。

この「恐竜・古生物ビフォーアフター」のシリーズは、そんな「久しぶり」の方にまず、お手に取っていただきたい本です。「シリーズ」ではありますが、前作を読んでいなくても大丈夫。内容としては、この本と前作は独立しています。

恐竜を含めて、化石でその存在がわかる生物を「古生物」といいます。古生物を研究する学問が、「古生物学」です。古生物学は、科学の一分野。他の科学分野と同じように、日進月歩の勢いでアップデートされています。

日進月歩の勢いでアップデートされているので、「久しぶりに」古生物学に触れられた方が「あれ？」と感じられるのは、至極当然のことです。ぜひ、この本で、「あれ？」をたくさん感じてみてください。

もちろん、〝「久しぶり」ではない皆さま〟にも、お楽しみいただける内容を目指しました。シリーズの2作目に当たる本書では、その要素を少し増しています。

例えば、パンダやキリンなど、日常的に目にする「現生生物」の進化についても、いつの間にか、その情報は〝ビフォー〟となり、現在では〝アフター〟となる情報が発表されているかもしれません。そんな〝ビフォー・アフター〟も、ぜひ、お楽しみいただければ幸いです。恐竜時代として知られる中生代だけではなく、古生代や新生代の古生物もたくさん盛り込んでいます。

〝アフター〟に至るまで、科学論文で残されたさまざまな研究成果は、まさに「歴史物語」です。紆余曲折があり、折々の研究者の奮闘が透けて見えます。ぜひ、そうした変遷も、ご堪能ください。

この本を読むことで、あなたも〝歴史の語り部〟の一人となってください。

2023年6月　サイエンスライター　土屋健

# Content
# 目次

Chapter 1

# 恐竜時代のビフォーアフター

Chapter 2

# 古生代のビフォーアフター

Chapter 3

# 新生代のビフォーアフター

# この本を読む前に知っておきたい古生物のこと

# 『古生物』って、何だろう？

この本では、「古生物」の〝かつての姿（ビフォー）〟と〝最新の姿（アフター）〟がたくさん出てきます。

さて、そもそも、「古生物」とは何でしょうか？

いちばん有名な古生物は、恐竜でしょう。ほぼすべての恐竜は、古生物です。「ほぼ」というのは、古生物ではない恐竜もいるから。「恐竜類」というグループの一つには、「鳥類」がいます。鳥類は、現在の地球にも生きています。今も生きている鳥類は、古生物ではありません。

絶滅鳥類のすべての種が古生物というわけではありません。例えば、かつてインド洋のマスカリン諸島に「ドードー（*Raphus cucullatus*）」という飛べない鳥が生息していましたが、人類の乱獲の影響などで17世紀に絶滅しています。ドードーは、絶滅生物ではありますが、古生物ではありません。

では、「古生物」とは何でしょうか？

簡単に書いてしまえば、「その存在の証拠として化石を残す、地質時代に生きていた生物」のことです。多くの場合で、文字文明が始まるよりも前の生き物を指すことが多いようです。

例えば、ドードーの場合、人類がさまざまな記録に残していますし、その影響で滅んだともされていますから、「古生物ではない」ということになります。ちなみに、人類の文明が関わったものは、「遺物」や「遺構」と呼ばれます。こうしたものを研究する学問は「考古学」で、「古生物学」とは別ジャンルです（ただし、地質時代については、現在を含めた「人新世」という時代を新たにつくろうという動きもあります）。

いずれにしろ、この本で扱う「古生物」は、全て人類文明（文字の記録）が始まるよりも前に絶滅しています。

古生物は絶滅した生物ですが、もちろん、現生生物と無縁というわけではありません。

先ほどの恐竜類の例でいえば、現生の鳥類は、古生物の鳥類を経て存在していますし、古生物としての鳥類は、恐竜類が多様化していく中で登場しました。古生物がいなければ、現在の生物も存在しないのです。

この本には、パンダやキリンなどよく知られた現生生物に縁のある古生物も登場します。彼らは、現生の仲間たちと直接的な祖先・子孫の関係にあるかもしれませんし、直接的ではなく、例えば、親戚のような関係にあるのかもしれません。こうした古生物を研究することで、パンダやキリンといった、現在の動物園で見ることができる動物でも、その祖先、祖先に近い姿、生態などを知ることができます。

古生物の研究は、「化石」に注目して行われます。

化石は大きく2種類に分けることができます。生物のからだが残った「体化石」と、生物の活動の痕跡である足跡や巣穴、糞(ふん)などが残った「生痕化石」です。この本では、主に「体化石」に注目しています。

生物が化石となるのは、とてもタイヘンです。そのメカニズムは、まだ完全には明らかにされていません。まず、死ななくてはいけません。でも、その死体が動物に、例えば、大きな肉食動物などに食べられてしまうと、その途中で荒らされたり、壊されたりしてしまいます。化石ができるためには、死体は速やかに地中、あるいは、海底の堆積物の中に埋もれることが理想的です。

さらに、地中の成分次第では、化石を溶かしてしまう可能性があります。また、地震や火山活動などのさまざまな影響を受けて地中で壊れてしまうこともあるでしょう。

私たちが化石を手にするには、そうした地中の化石が、運よく地表、あるいは、地表付近に現れていなければいけません。雨や川の水、風などで地層が削られることで、私たちは「そこに化石がある」と知ることができます。

しかし、地表に露出した化石は、露出したその瞬間から、雨や風の影響を受けて、少しずつ壊されはじめます。完全に壊れる前に、人類がその化石を発見しなければ、研究が始まりません。

こうしてみただけでも、「化石」を人類が手にするまでには、とても多くの幸運が重なっていることがわかると思います。

幸運の積み重なりの結果だからこそ、すべての化石はとても貴重です。

また、「幸運の積み重なり」という確率を考えれば、一つの化石の背景には、膨大な個体数の同種の生物がいた可能性が高いことがわかります。化石は、〝絶滅した残念生物の遺骸〟ではなく、「繁栄した成功者の遺骸」である可能性が高いのです。そのため、化石を研究することで、「なぜ、繁栄することができたのか」というその生態や進化が見えてきます。

……見えてくるのですが、化石は「幸運の積み重なり」でできるものなので、数が少なく、断片的である場合が多くあります。世にいう「古生物学者」のみなさんは、そのわずかな手がかりに、さまざまな科学技術を駆使して分析し、推理を展開し、「古生物の姿」に挑んでいます。私たちが本や映像で見る古生物の姿は、そうした研究によって明らかにされた「知恵の結晶」でもあります。

そして、化石という手がかりを基本にしている以上、新たな化石が発見されれば、推理が変わることもあります。さまざまな科学技術を使っている以上、科学技術の進歩によっても、推理が変わることもあります。

古生物学という分野は、日々〝新情報(アフター)〟が更新されていく世界でもあるのです。

約5億3900万年前に始まった古生代から、恐竜時代として知られる中生代、そして、恐竜絶滅後に幕を上げた新生代。本書では、この三つの時代の古生物について、さまざまな〝ビフォー・アフター〟を扱っていきます。

# 恐竜時代のビフォーアフター

恐竜をはじめとする
中生代の動物たちの
“昔”と“今”のお話です。

## 陸棲？ 水棲？ 議論が続く スピノサウルス

「スピノサウルス（*Spinosaurus*）」といえば、現在ではとても高い知名度をもつ恐竜の一つです。2001年に公開された『ジュラシック・パーク3』で華々しく銀幕にデビュー。かの「ティラノサウルス（*Tyrannosaurus*）」と激しい格闘を繰り広げます。2006年に公開された『映画ドラえもん のび太の恐竜2006』にも登場し、今日の恐竜図鑑には必ず載っている種の一つでもあります。

トレードマークは、背中の大きな帆です。脊柱の一部が板状に高く伸びて連なっていました。この板状の突起の間に皮膜があり、帆をつくっていたと考えられています。

全長は約15メートル。ティラノサウルスを2〜3メートルも上回る巨体でした。肉食恐竜としては、最大級とされています。ただし、「肉食」とは言っても、ティラノサウルスのように、他の大型の植物食恐竜を襲うのではなく、主に魚を食べていたとみられています（植物食恐竜をまったく食べなかったわけではなさそうですが）。

映画にも出て、図鑑にも載っている。そんな有名な恐竜ですが、実はその姿の復元や生態は、まだ謎に包まれています。とくに、どのような暮らしをしていたのかという疑問について、研究者の間でも「主に水辺で暮らし、魚を獲っていた」という〝陸棲説〟と、「主に水中で暮らし、魚を獲っていた」という〝水棲説〟で意見が分かれているのです。

## 四足で歩き、水中を泳いでいた？

陸棲か、水棲か。

かつて、スピノサウルスは、水辺ではあるけれども、陸で暮らすという陸棲説が有力でした。長い後脚でスクッと立ち、細長い吻部を川に突っ込んで魚を獲っていたとみられていたのです。『ジュラシック・パーク3』や『映画ドラえもん　のび太の恐竜2006』で描かれたスピノサウルスの姿は、このスピノサウルス像がもとになっています。

ただし、スピノサウルスには、〝研究上の弱点〟がありました。スピノサウルスという名前がつけられ、その全身が復元されたのは、１９１５年のことです。スピノサウルスとして最も基本となるこの時の標本が、実は第二次世界大戦中に空襲を受け、失われてしまっているのです。

戦後になって、いくつかの新たな標本が発見されました。しかし、この失われた標本を上回る化石は発見されていません。

そのため、スピノサウルスの復元に際しては、１９１５年の論文や写真を中心に行われてきました。

もっとも、ティランノサウルスや多くの肉食恐竜がそうであるように、長い後脚でスクッと立つ姿――二足歩行の姿の復元は、暗黙の了解でした。すべての肉食恐竜が属するグループである獣脚類は、すべて二足歩行性であると考えられていたからです。そして、知られていたすべての獣脚類が陸棲であることから、スピノサウルスも陸棲であるとみられていました。

この復元と生態に大きな変更を迫る論文が、シカゴ大学（アメリカ）にいたニザール・イブラヒムさんたちによって、2014年に発表されました。

イブラヒムさんたちは、戦後に発見されたいくつかの部分化石や、近縁の恐竜の化石などのデータをコンピュータに取り込んで大きさなどの調整を行い、コンピュータ内で全身骨格を組み立てたのです。

その結果として復元されたのは、後脚の短いスピノサウルスでした。あまりにも短いため、肉食恐竜の仲間（獣脚類）としては珍しく四足歩行をしていたものと解釈されました。

後ろ足の指の幅が広く、指の間にはおそらく水かきがあり、そして、四肢の骨が緻密で重いことも指摘されました。

こうした特徴から、イブラヒムさんたちは、スピノサウルスは水棲だったと考えました。幅広の指と水かきは水中を移動する際に役立ちますし、四肢が重ければ、水中でバランスをとりやすくなります。

異例中の異例。四足歩行、そして、水棲であるというスピノサウルスの姿は、こうして復元されたのです。

## 泳ぐのは苦手っぽい？

イブラヒムさんたちの〝2014年モデル〟は、多くの人々に驚きを与えながらも、いっきに普及していきました。

全身復元骨格が製作され、日本でも2016年に国立科学博物館で開催された企画展、『恐竜博2016』で展示されています。学習図鑑では、2021年に刊行された『角川の集める図鑑GET！　恐竜』（KADOKAWA）や、2022年に刊行された『学研の図鑑LIVE　恐竜　新版』（学研プラス）では、水棲説に基づくイラストが掲載されています。拙著でも、例えば、2019年

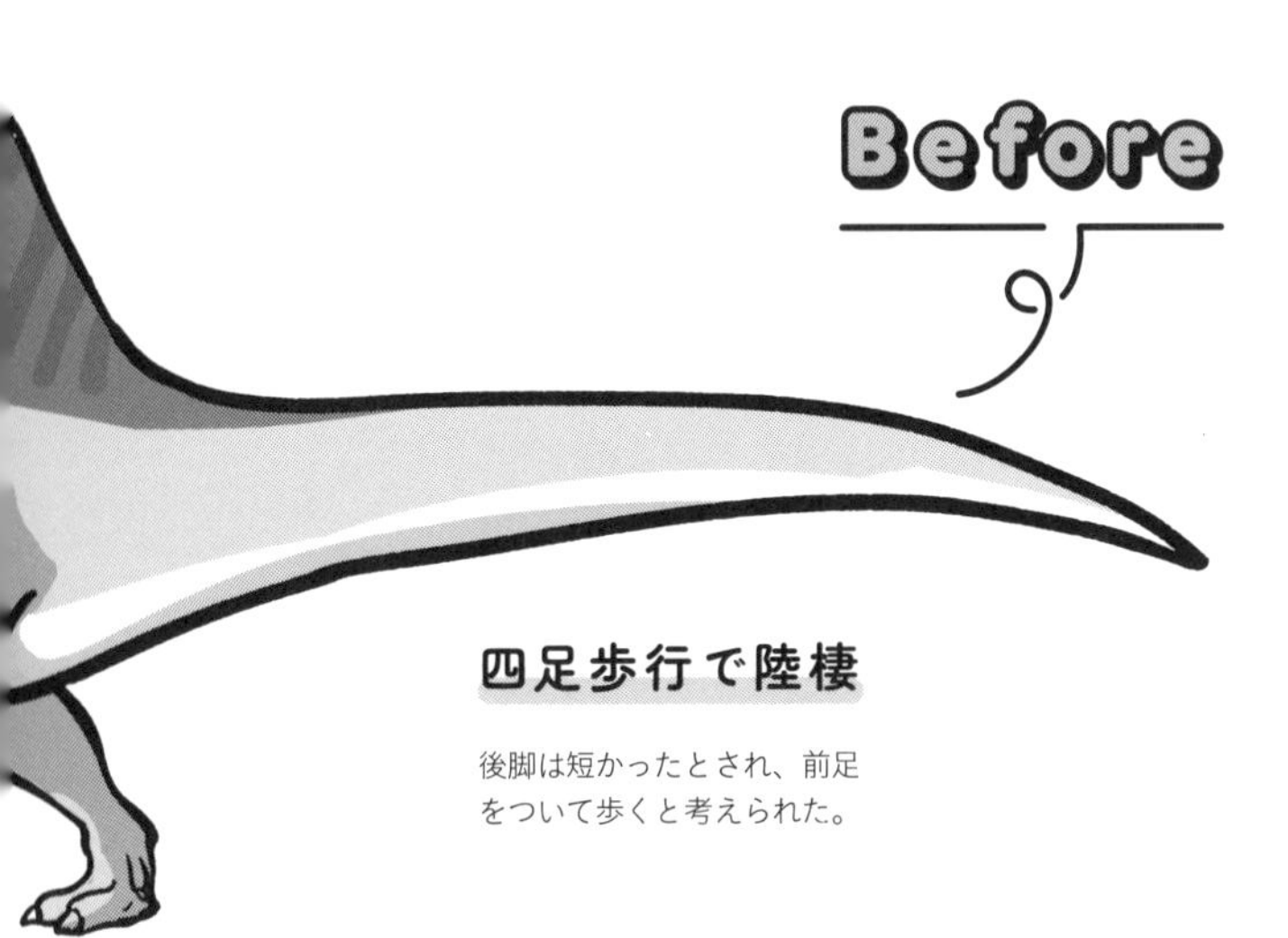


**四足歩行で陸棲**

後脚は短かったとされ、前足をついて歩くと考えられた。

の『リアルサイズ古生物図鑑　中生代編』（技術評論社）では、〝2014年モデル〟の復元を収録しました。

しかし、すべての研究者が、〝2014年モデル〟を受け入れたわけではありません。

2018年、ロイヤル・ティレル博物館（カナダ）のドナルド・M・ヘンダーソンさんが、〝2014年モデル〟の「安定性」を解析した論文を発表したのです。

ヘンダーソンさんの計算では、〝2014年モデル〟のスピノサウルスは、水中ではからだが不安定になることが示されました。

全身を水中に入れて獲物を追いかけようとす

るためには、〝2014年モデル〟のスピノサウルスでは、浮力がありすぎるというのです。

簡単にいえば、「泳ぎが下手」ということになります。

ヘンダーソンさんの研究では、スピノサウルスは基本的には陸棲であると指摘されました。

## 尾化石の発見

2020年になって、イブラヒムさんは水棲説の新たな証拠を発表します。なお、この間に、イブラヒムさんの所属はシカゴ大学からデトロイト・マーシー大学（アメリカ）へと移りました（本書執筆現在は、イギリスのポーツマス大学に所属）。

新たな証拠とは、「尾」の化石です。イブラヒムさん

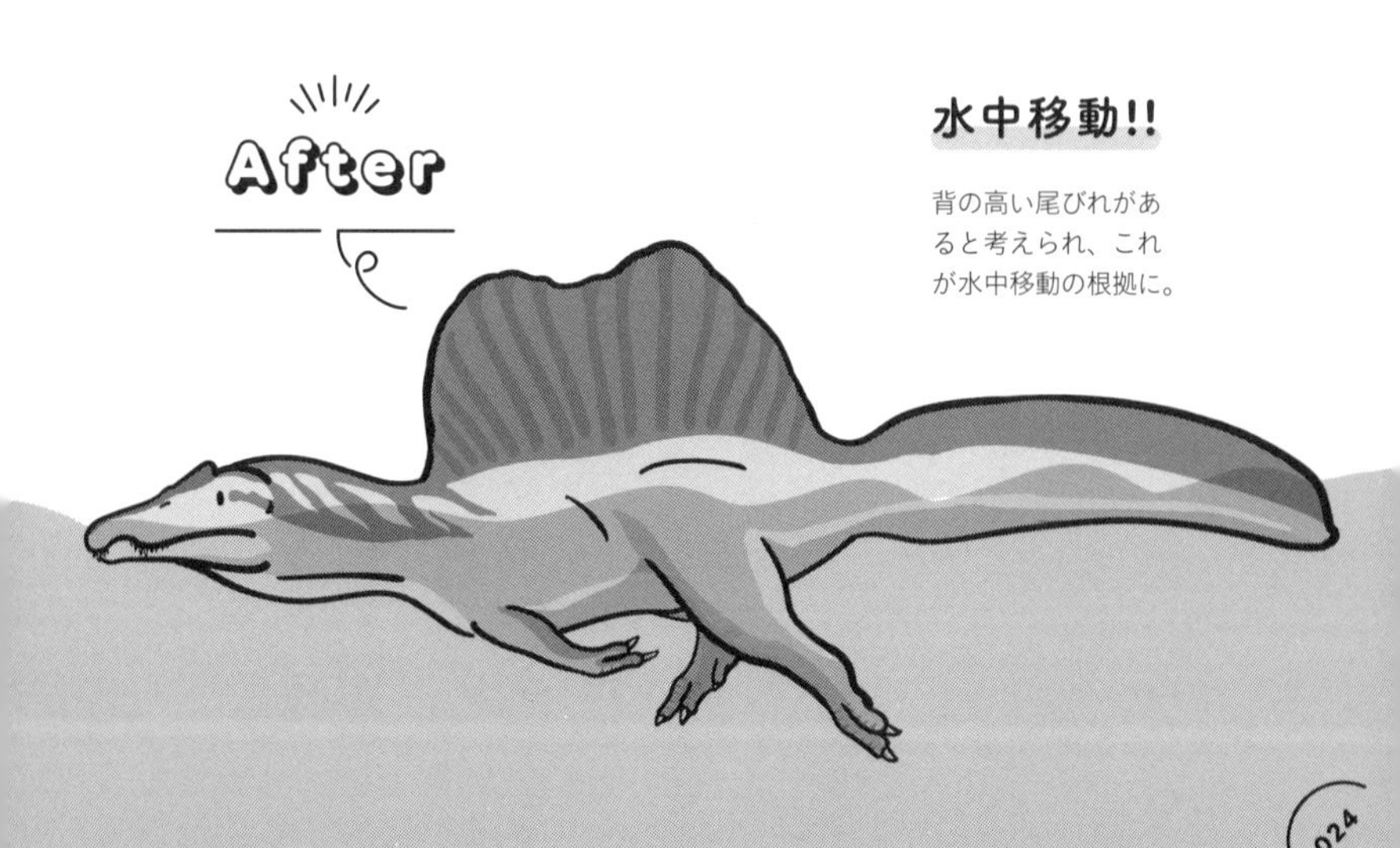

たちは、初めてスピノサウルスの尾の化石を報告したのでした。

この尾が少し変わっていました。尾をつくる各尾椎の一部が、上に向かって、細長く伸びていたのです。そして、その細長い突起は、前後に連なっていました。イブラヒムさんたちは、細長い突起の間には皮膜があり、背の高い尾びれをつくっていたと考えています。

尾びれがある。これは、水中移動の証拠と考えられました。

## 川から大量の歯

2020年には、〝水棲説〟のさらなる証拠も発表されました。

ポーツマス大学（イギリス）のトーマス・ビーヴァーさんたちが、「スピノサウルスの歯化石が産出する地層」に注目した論文を発表したのです。

ビーヴァーさんたちは、スピノサウルスの歯化石がたくさんみつかる地層が、河川でできたものであると指摘しました。

ここで注意しなければいけないのは、「河川の地層から化石がみつかること」が、「水棲の証拠」

には必ずしもならないという点です。

陸地で死んだ動物の遺骸が、河川に流されて化石となることはよくあります。あるいは、その動物は、河川に流されて死んだのかもしれません。

いずれにしろ、河川で遺骸がみつかることは、水棲種ではなくてもよくあることなのです。

そこで、ビーヴァーさんたちは、個数に注目しました。

その地層には、他にも陸上動物の歯化石がたくさん含まれていました。そうした他の動物の化石と比較して、スピノサウルスの歯化石は圧倒的に多かったのです。

それほど多量にみつかるからには、陸のどこか別の場所から流されてきたのではなく、河川で暮らしていたからこそ、とビーヴァーさんたちは指摘しています。

## 尾は目印ではないか？

イブラヒムさんたちの2020年の尾化石によって、スピノサウルスの復元は、〝2020年モデル〟にアップデートされました。

しかしこの「背の高い尾」が、本当に「尾びれ」だったのかどうかを疑問視する論文が、2021年にクイーン・メリー・ロンドン大学（イギリス）のデイヴィッド・W・E・ホーンさんと、メリーランド大学（アメリカ）のトーマス・R・ホルツ・ジュニアさんによって発表されました。

ホーンさんとホルツさんは、スピノサウルスの化石を改めて詳しく分析し、かつてヘンダーソンさんが指摘したように、「水中生活向きではない」と指摘しました。

そして、〝2020年モデル〟の「背の高い尾」は、水中で獲物を追いかける時に十分な力を発揮することができない、と指摘しました。

ホーンさんとホルツさんによれば、「背の高い尾」は遊泳用の「尾びれ」ではなく、仲間たちへの何かしらの〝目印〟だったのではないか、とのことです。ホーンさんとホルツさんは、スピノサウルスは、水中ではなく、水辺で暮らしていたとしています。

## やっぱり泳ぐのは苦手ではないか？

こうしたスピノサウルスの議論の始まりは、イブラヒムさんたちの〝2014年モデル〟です。

2022年、このモデルに疑問を突きつける論文が発表されました。論文の主著者は、シカゴ大学のポール・C・セレノさん。実は、イブラヒムさんの2014年の論文に名前を連ねていた研究者です。

セレノさんたちは、スピノサウルスの骨格、筋肉、体内の空気などを計算しました。その結果、スピノサウルスは二足歩行が可能であり、内陸と水辺を移動していたということが示されたのです。水中では、十分な速度を出せなかったことも、そして、陸地としか思えない地層からスピノサウルスの化石が発見されたこともあわせて報告しました。

セレノさんたちの論文のタイトルは、「*Spinosaurus* is not an aquatic dinosaur（スピノサウルスは水棲恐竜ではない）」というものです。

かくのごとく、スピノサウルスの研究は、恐竜研究の最前線で、議論が交わされています。それぞれ証拠を提出し、論文を発表し、仮説を検証する。

これこそが、恐竜研究が科学であることの証拠であるといえるでしょう。

# ティラノサウルスは、3種いた？

生物には、「種名」があります。

種名は、基本的に「属名」と「種小名」の二つの単語でつくられています。例えば、私たちヒトの種名は、「ホモ・サピエンス（*Homo sapiens*）」。「ホモ（*Homo*）」が属名で、「サピエンス（*sapiens*）」が種小名です。一つの属名に、一つの種小名と決まっているわけではなく、複数の種小名があることはよくあります。例えば、絶滅したネアンデルタール人の種名は、「ホモ・ネアンデルターレンシス（*Homo neanderthalensis*）」です。私たちと同じ「ホモ属」ですが、種小名が異なるので、ネアンデルタール人は私たちとは別種となります。

恐竜世界の王者、ティラノサウルスの種名は、「ティラノサウルス・レックス（*Tyrannosaurus rex*）」です。「*rex*」には、ラテン語で「王」という意味があります。１９０５年にこの種名が定められてから、発見されたすべてのティランノサウルスは、「レックス（rex）」という一つの種であると考えられてきました。

## 「レックス」だけじゃない？

２０２２年、アメリカのグレゴリー・S・ポールさんたちが、ティランノサウルス属には、三つの種があるという論文を発表しました。

ポールさんは大学などに所属する研究者ではありませんが、恐竜の骨格図の製作者としてとても有名な人物です。ポールさんは、かねてより自分の本で、ティランノサウルス属には複数の種があることを指摘していました。

そして、２０２２年の3月、チャールストン大学（アメリカ）のW・スコット・パーソンズさんたちとともに、『Evolutionary Biology』という学術誌に論文を発表したのです。

ポールさんたちのこの研究では、ティランノサウルス属には〝少し細い種〟と〝少しがっしりした種〟がいると指摘されました。

ポールさんたちは、〝少し細い種〟には、ラテン語で「女王」を意味する「*regina*」という種小名を与え、〝少しがっしりした種〟には「皇帝」を意味する「*imperator*」という種小名を与えました。

つまり、ティラノサウルスの属名をもつ種は、「ティラノサウルス・レックス」の他にも、「ティラノサウルス・レジナ（*Tyrannosaurus regina*）」と「ティラノサウルス・インペラトール（*Tyrannosaurus imperator*）」がいるとしたのです。

ポールさんたちのこの指摘が確かならば、これまでに知られているティラノサウルス

の化石は、レックス、もしくはレジナ、あるいはインペラトールのいずれかに分かれることになります。もしもあなたが、ティランノサウルスの模型をもっているとしたら、それは、レックスの模型ではなく、レジナ、あるいは、インペラトールの模型なのかもしれません。

## 「レックス」しかいない？

ポールさんたちのこの論文に、研究者は素早く反応しました。

ポールさんたちの論文からわずか4ヶ月後の2022年7月、カーセッジ大学（アメリカ）のトーマス・D・カーさんたちが、ポールさんたちの論文に反対する研究結果を発表したのです。

カーさんたちは、現在の鳥類を含むデータとティランノサウルスのデータを比較することで、ポールさんたちが〝少し細い〟、〝少しがっしりした〟と分けたちがいは、実は一つの種の中にみられるちがいであると指摘したのです。

私たちヒト（ホモ・サピエンス）をみるとわかるように、同じ種であっても、そのからだつきはさまざまです。カーさんたちは、そうした一つの種の中のちがいがあるだけで、ティランノサウルス属には、「やっぱりレックスしかいない」としたのです。

ポールさんは、8月になって、すぐに再反論を発表しています。やはりティラノサウルスには複数の種があるとしました。とくに頭部のちがいなどは、種として認定されるのにふさわしい、としています。

こうして、恐竜の王者の種数と名前をめぐる研究は、現在も議論が戦わされています。有名な恐竜だけに、今後の展開から目が離せません。

## 〝奇跡の鎧竜〟ボレアロペルタの「胃の中身」が判明！

２０１７年、ロイヤル・ティレル博物館（カナダ）のカレブ・Ｍ・ブラウンさんたちによって、白亜紀半ばのカナダに生きていたある鎧竜類(よろいりゅうるい)の化石が報告されました。

その化石は、長さ3メートル弱の大きさで、鎧竜類の前半身がきれいに残っていました。

鎧竜類に限らず、多くの脊椎動物の化石は、バラバラになって発見されます。死後、化石になる過程で骨と骨をつなぐ筋肉や腱(けん)などが腐り、さまざまな要因が加わって、骨と骨が離れてしまうのです。

ところがその鎧竜類の化石は、後半身を欠くとはいえ、まるで生きているかのような状態で〝つながって〟いました。鎧竜類の〝鎧〟とは、背中に並ぶ小さな骨片のことです。この骨片も、多くの化石では、バラバラになっています。しかし、この化石では、その小さな骨片さえも、きれいに並んでいました。

ブラウンさんたちは、この鎧竜を「ボレアロペルタ（*Borealopelta*）」と名付けました。

そして、その保存状態の良さから、このボレアロペルタの化石は、「奇跡の鎧竜」と呼ばれています。

## 保存状態の良い化石から、いろいろなことがわかる

保存状態の良い化石には、さまざまな情報が残されています。

例えば、2017年のブラウンさんたちの研究では、このボレアロペルタの化石に〝色素の痕跡〟が確認されました。

分析の結果、その色素が示唆する色は赤茶色であると判明し、そして、背にだけ残っていることも明らかになりました。ブラウンさんたちは、ボレアロペルタは背側が赤茶色で、〝色素の痕跡〟が確認されなかった腹側は薄い色だったのではないか、と指摘しました。

こうした色合いは、現在でも多くの動物にみられるもので、「カウンターシェーディング」と呼

ばれています。カウンターシェーディングには、風景に自分のからだを溶け込ませる効果があるとみられています。捕食者にしろ、被捕食者にしろ、とても〝便利な仕様〟です。

2020年には、このボレアロペルタの化石の腹部に〝胃腸の内容物〟が残っていたことも報告されました。報告したのは、こちらもブラウンさんを中心とした研究チームです。

この〝胃腸の内容物〟が分析された結果、シダ植物の葉が多く含まれていました。ただし、そのシダ植物は、1種だけとのこと。ブラウンさんたちは、ボレアロペルタは、その1種を選り好んで、食べていたと指摘しています。

他に、少ないながらも、木片が含まれていました。興味深いのは、その木片が炭になっていたことです。つまり、燃え残りです。

ブラウンさんたちは、このボレアロペルタが生きていた場所は、火災があった直後の森林だったと考えています。炭化した木片はその証拠ですし、シダ植物は火災直後の環境で、真っ先に生える植物です。

分析は、ここで終わりません。

この〝胃腸の内容物〟には、年輪の残る小枝もありました。その分析から、ボレアロペルタがこの食事をした時期が、「春から真夏のどこか」であることも推測されたのです。

2023年には、ブランドン大学（カナダ）のジェシカ・E・カリニクさんたちが発表した研究によって、ボレアロペルタの化石がみつかった場所と極めて近い地域でできた同時代の地層が分析され、その地域には裸子植物が多かったことが示されました。シダ植物は、全体の一部だったとのことです。

つまり、こういうことだったようです。

中生代白亜紀の半ばの春から真夏のどこか、カナダのある地域では、森林火災が起きていました。その火がお

## シダ植物を食べていた!?

森林火災のあとで食べていたものが、
胃腸の内容物の分析で明らかに。

さまったころ、シダ植物が燃えカスの中から芽を出し、育っていきました。

そんなシダ植物の葉を食べに、ボレアロペルタがやってきました。他の植物も芽を出していましたが、シダ植物を好んで食べていたようです。1匹だけだったのか、それとも、群れであったのかはわかりません。しかし、少なくともそのうちの1匹は、食べたシダ植物が完全に消化される前に死んでしまいました。

なお、このボレアロペルタの化石は、海でできた地層から発見されています。ですから、何かの理由で、このボレアロペルタは海へ流されたことになります。死んでから海へ流されたのか、海へ流されてから死んだのかはわかっていません。

海へ流されたボレアロペルタは、海底に沈む前に、肉食性の海棲動物には襲われなかったのでしょう。結果として、「奇跡」と呼ばれるほどに、きれいな化石が残ることになりました。

このように、良質な化石が1点発見されれば、とても多くの情報を読み取ることができます。奇跡の鎧竜は、最初の論文からわずか3年の歳月で、ここまでのことがわかったのです。ボレアロペルタの今後の研究が気になりますし、他の良質な化石の発見と分析にも期待が高まります。

# 恐竜の卵には、「軟らかい殻」もあった！

恐竜類は、卵を産んで増える動物です。

哺乳類のように、子を直接産むのではなく、卵を産む「卵生」。それは明らかです。何しろ、卵の化石がたくさんみつかっています。

20世紀初頭、アメリカの古生物学者にして探検家でもあった、ロイ・チャップマン・アンドリュースは、モンゴルで恐竜類の卵の化石を発見しました。この卵の化石は、ラグビーボールに似た形をしていました。

当初、その化石の近くに植物食恐竜肉食恐竜の化石が埋まっていたことから、卵は植物食恐竜のものであり、肉食恐竜が奪いに来たところ、何らかの理由で砂に埋もれ、化石になったと考えられました。

この肉食恐竜は、「卵泥棒」を意味する学名がつけられることになりました。一方、卵を残した植物食恐竜は、モンゴルでたくさんの化石が発見されている「プロトケラトプス（*Protoceratops*）」のものとされました。

しかしのちの研究で、卵は「卵泥棒」と名付けられた肉食恐竜のものであることが明らかになります。卵泥棒は、泥棒にきたわけではなく、自分の卵を守っていたのかもしれません。

……とここまでは、卵泥棒こと「オヴィラプトル（*Oviraptor*）」のお話です。〝冤罪（えんざい）の学名〟として、それなりに有名な話なので、どこかで読んだ（あるいは、聞いた）ことがある人も多いかもしれません。本書の前作にあたる『恐竜・古生物ビフォーアフター』にも詳しく書きました。

ちょっと、視点を変えてみましょう。

卵は、オヴィラプトルのものでした。では、〝主〟と間違われたプロトケラトプスは、どのような卵を生んでいたのでしょうか？

実は、それは、長きにわたる謎だったのです。

## プロトケラトプスの卵の化石がみつからない！

プロトケラトプスの化石は、豊富に発見されています。ヒトの掌に乗るような幼体の化石から、全長2メートル前後の成体の化石まで。成長段階がわかるほどに、さまざまな世代の化石がみつかっています。

しかも、その多くは保存状態が良い。四肢がつながっているもの、全身の骨のほとんどが残されているものもあります。

かつて、化石が化石として知られていなかった時代、人々はプロトケラトプスの化石を見て、怪異「グリフォン」を想像したともいわれています（詳しく知りたい方は、拙著『怪異古生物考』をご覧ください）。

また、保存状態の良い化石の豊富さから、恐竜類で数少ない「性」の研究対象ともされています（こちらについては、拙著『恋する化石』をどうぞ）。

それほどまで良質な化石が多いのに、なぜか、「プロトケラトプスの卵の化石」が発見されていなかったのです。

他の恐竜の卵の化石はみつかっているのに、です。

## 多様だった「恐竜の卵」

謎の答えは、２０２０年にアメリカ自然史博物館のマーク・Ａ・ノレルさんたちによってもたらされました。

ノレルさんたちが、プロトケラトプスの赤ちゃん化石のまわりを丁寧に調べたところ、そこに卵の殻があった痕跡をみつけたのです。

ノレルさんたちは、殻が化石として残らなかった理由は、プロトケラトプスの卵の殻が軟らかいためであると考えています。化石に残りやすい硬い組織ではなく、化石に残りにくい軟らかい組織でできた殻。だからこそ、いくらたくさんの骨の化石がみつかっても、卵の化石がみつからなかったというのです。

このことは、恐竜の卵には、いろいろなタイプがあったことを意味しています。形だけではなく、そのつくりまでもが種類によってちがっていたのです。

こうした新情報がわかると、研究者も今まで見落としていたことに気づくようになります。2020年のノレルさんたちの研究をきっかけとして、他の恐竜の卵についても新たなことが見えてくるかもしれません。

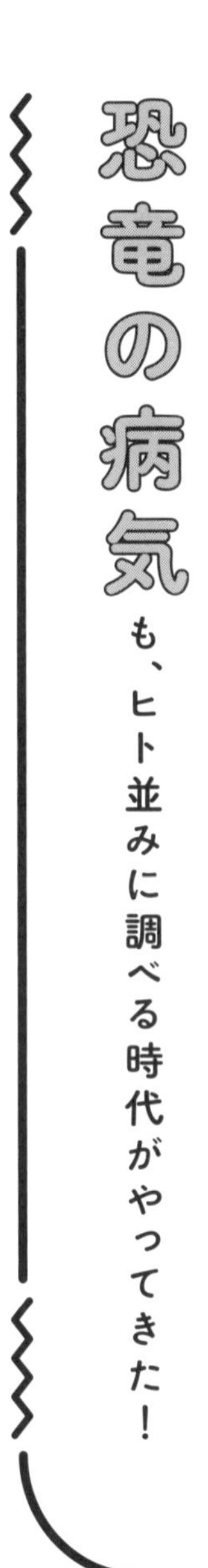

# 恐竜の病気も、ヒト並みに調べる時代がやってきた！

恐竜だって、動物です。病気にもなったはずですし、怪我もしたはず。

でも、多くの古生物と同じように、その実態を知ることはとても難しい。何しろ、皮膚や筋肉や内臓といった、病気や怪我になることの多い部位は、軟らかい組織でできています。軟らかい組織は、骨や殻といった硬い組織と比べると化石に残りにくい。つまり、病気や怪我の証拠が化石に残りにくいのです。

もっとも、手がかりがないわけではありません。

病気の中には、骨に影響が出るものもあり、怪我の中には、骨折もあります。研究者はそうした骨に影響が出たものや、骨折が治る時にできる痕跡などを調べて、恐竜の病気や怪我に迫ってきました。

例えば、「セントロサウルス（*Centrosaurus*）」という角竜類が、白亜紀の北アメリカに生息していました。大きなものでは全長が5メートルを超え、体重は2トン以上になったとみられています。鼻先にある大きなツノは、前方に向いて曲がっている。そんな角竜類です。

セントロサウルスの化石は、とくにカナダでたくさん発見されています。その中の一つに、端が不自然に大きく膨らんだ腓骨（ひこつ）（すねの骨）の化石がありました。

こうした膨らみは、一般的に動物の骨折が治る時にできるものとよく似ています。そのため、かねてよりこうした膨らみは、「骨折の治癒痕」であると考えられていました。

## 最新機器を駆使！

2020年、マクマスター大学（カナダ）のセパー・エクティアリさんたちが、「骨折の治癒痕」とされていた膨らみのある化石を詳しく調べた研究成果を発表しました。

エクティアリさんたちは、CTスキャンを使って骨の内部構造を調べるなど、ヒトにも用いられる分析方法を応用しました。さらに古生物学の研究者だけではなく、医学の研究者とも協力することで、細胞レベルの調査を行いました。その結果、その膨らみは、「骨折の治癒痕」ではなく、「骨肉腫」というがんによってできたものであることが明らかになりました。

骨肉腫とは、骨に発生するがんの一つです。痛みや腫れをともない、現在の動物でも、もちろん、罹患（りかん）します。

さらに、エクティアリさんたちは、この化石をセントロサウルスの正常な腓骨や、ヒトの腓骨に見られる骨肉腫と比較しました。すると、この〝化石の主〟が死んだ時には、そのがんが、他の臓器にも転移していた可能性があることも示唆されました。

ヒトと同じ診断方法によって、恐竜たちの病気も克明に見えてくる。そんな時代がやってきています。

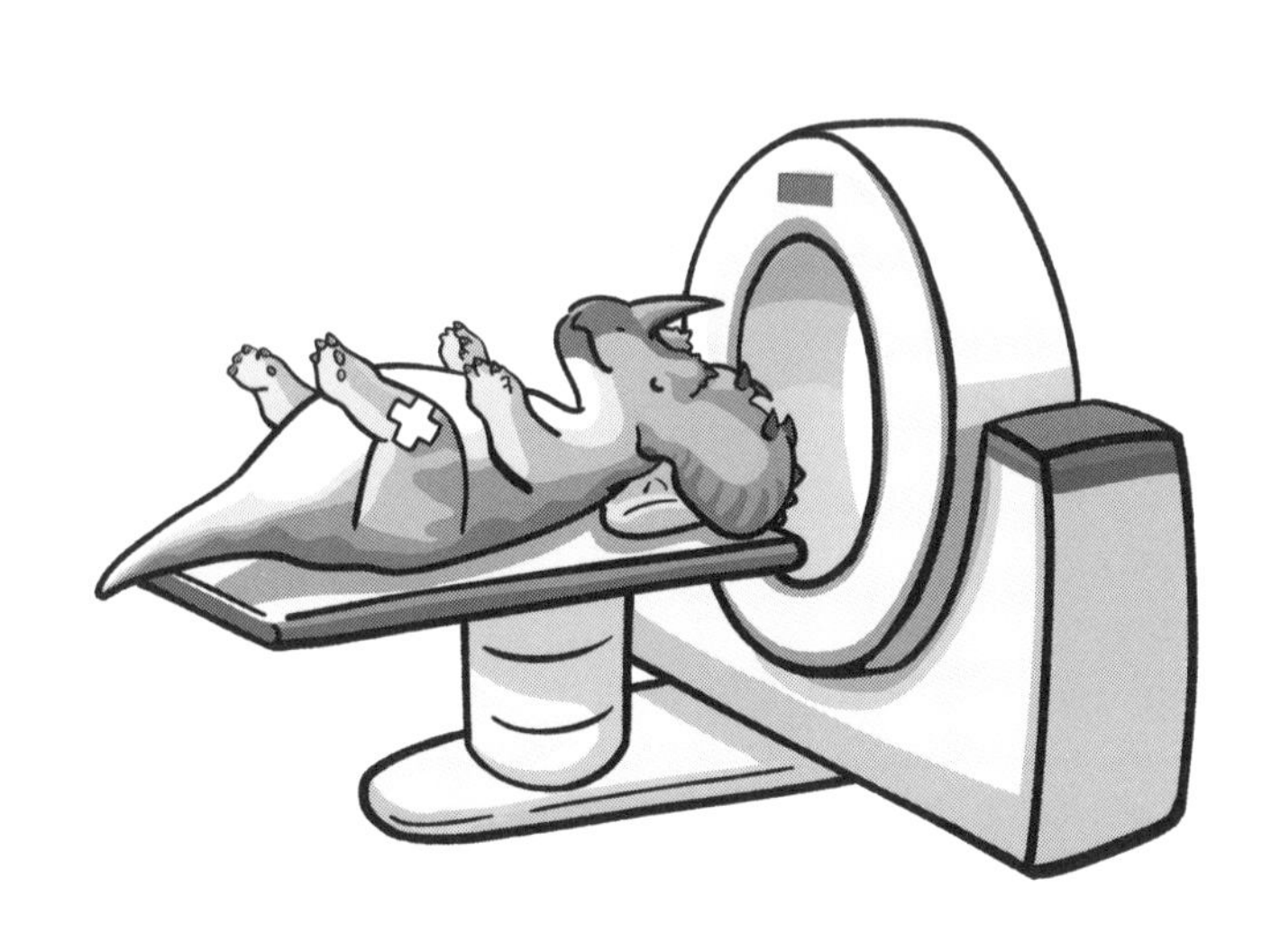

# 見えてきた、恐竜の〝求愛〟と進化の関係

恐竜だって、愛を語り、子をつくり、次の世代を残していたはずです。

しかし、「愛を語る」や「子をつくる」という「行為」は、化石からはよくわかりません。何しろ、化石は〝止まった状態〟でできるものだから。「行為」が化石として記録されることはめったになく、謎なのです。

それでも、２０００年代から２０１０年代にかけて、研究者はいくつかの恐竜たちの求愛行動に迫る研究を発表してきました。

そうした研究によれば、ある恐竜は、自らの翼を使い、まるで現生のクジャクのようにアピールした可能性があり、また別のある恐竜は、雌をめぐって雄が格闘した可能性があることがわかりました。本書の前作にあたる『恐竜・古生物ビフォーアフター』でも、翼を使って求愛していた恐竜

の話を収録しています。

同じ恐竜類というグループの中で、さまざまな求愛行動がある。

2021年になって、この求愛行動に規則性を見出す研究が発表されました。

## 王者たちの求愛行動が見えてきた！

「暴君竜」で知られる「ティラノサウルス（*Tyrannosaurus*）」と、その近縁の仲間たちでつくられるグループを、「ティラノサウルス類」といいます。

2021年、ロイヤル・ティレル博物館（カナダ）のカレブ・M・ブラウンさんたちが、ティラノサウルス類の求愛行動に迫る研究を発表しました。

ブラウンさんたちは、ティラノサウルス類の200個体以上の頭骨の化石を調べました。すると、ティラノサウルス類であれば、どの種であっても、頭骨に見られる傷に規則性があったそうです。傷のない個体もありましたが、傷のある個体では、その位置や方向が、どの種であっても似ていることが指摘されました。

さらに、傷のある個体は、いずれも成体だったとのことです。若い個体の頭骨には、ほとんど傷がないことも指摘されました。

さらにさらに、成体であっても、傷がある個体は、全体の約60パーセントに限られるとのことです。残りの約40パーセントには、傷がない。

こうしたデータをもとにブラウンさんたちは、ティラノサウルス類では、求愛の際に雄が雌をめぐって闘っていたのではないか、と指摘しています。

傷に規則性があるということは、相手が同種であり、しかも、体格が似ていて、闘いの行動も似ていることを示唆しています。

成体になってから傷ができる、ということは、まさに

## 求愛の闘争!!

傷のあとに規則性が認められ、それが雌をめぐって争った根拠に。

求愛に関係している可能性を示しています。成体になるまで（子どもを産むことができるようになるまで）は、求愛をする必要がないからです。

そして、約60パーセントという数字は、「半分（50パーセント）」に近い。つまり、性別のどちらかだけが傷を負っていた可能性が高い、と考えられました。

こうした数々の証拠から、ブラウンさんたちは、ティラノサウルス類の「雌をめぐって闘う」という求愛方法を見出したのです。

## 進化で変わった求愛方法

実は、ティラノサウルス類の恐竜は、雌をめぐって雄たちが闘争をしていたのではないか、という仮説はそれまでにもありました。

ブラウンさんたちの研究の面白い視点は、その先です。

ティラノサウルス類に限らず、ティラノサウルス類が含まれるより大きなグループである「獣脚類」の多くの頭骨に似たような傷があることがわかりました。さらに、恐竜類に限らず、ワニ類の頭骨にも同様の傷があります。

そして、ブラウンさんたちは、すべての獣脚類の頭骨に〝雌をめぐる闘争の傷〟があるわけでないことも指摘しました。

実は、「獣脚類」というグループには、現在の鳥類が含まれています。鳥類は、翼を見せる（広げる）などをして、〝非接触〟の求愛行動を行うことが常です。そうした行動では、頭骨に〝雌をめぐる闘争の傷〟ができることはありません。

ブラウンさんたちの分析によると、鳥類に近い獣脚類には、鳥類と同じように、〝雌をめぐる闘争の傷〟がないそうです。

ブラウンさんたちは、獣脚類の中で鳥類への進化が進むほどに、求愛方法が「ワニ類のような〝直接闘争〟」から、「鳥類のような〝見せる闘争〟」へ変化したのではないか、と指摘しています。

日本には、「恋の鞘当て」という言葉があります。「鞘当て」とは、かつて、武士どうしがすれちがう時に、自分たちの刀の「鞘」が当たることがあったことを指します。転じて、そのことをきっかけに、けんかに発展することを意味しています。「恋の鞘当て」は、異性をめぐる争いのことです。

獣脚類の進化を見ると、文字通りの（物理的な）「恋の鞘当て」から、平和な〝恋の鞘当て〟への変化が見えてきそうです。

古生物学の進歩は、恐竜たちの恋に、ここまで迫っているのです。

# 続々と報告される、日本産恐竜

日本では恐竜化石がみつからない。

そんなことがいわれていたのは、昭和のころ。

その後、1990年代には福井県で恐竜化石を探す組織的な発掘が行われるようになり、2000年代には続々と日本産恐竜化石が報告されるようになりました。福井県だけではなく、北は北海道から、南は鹿児島県まで。令和の現在では、中生代の地層さえあれば、どこから恐竜化石が出ても不思議ではないという状況になっています。

そうした恐竜化石の中から、本書では2019年以降に学名のついた4種の恐竜に注目したいと思います。

日本で発見された大型の動物化石には、愛称や通称がつけられることはよくあります。しかし愛称や通称は、学術的に認められたものではありません。〝限られた人たちだけの間〟で通用するものです。

それに対して、「学名」は国際的に、学術的に、認められたもの。とくに新種ともなれば、学術論文が執筆され、審査され、他の種にはない特徴をもつと認められたということになります。

ここで紹介するのは、近年に発表された「学名のある新種」の恐竜たちです。

## 圧倒的な保存率！

2010年代に大きな注目を集めた日本産の恐竜といえば、「カムイサウルス・ジャポニクス（*Kamuysaurus japonicus*）」です。「カムイ（*Kamuy*）」は、北海道の先住民族であるアイヌの人々の神にちなみます。

カムイサウルスは「むかわ竜」の愛称で知られていた恐竜で、その化石は北海道むかわ町で発見されました。全長約9メートル。四足歩行。白亜紀に大いに栄えた植物食恐竜のグループである「ハドロサウルス類」に分類されています。

カムイサウルスの化石は、全身の約8割が残っていました。基本的に、化石は大きなものほど全身が残る確率は低くなります。大きな生物ほど、その化石はどこかしら欠けた部分が多く、とくに大型の脊椎動物では、数個の骨しか化石として残っていない、ということもよくあります。

加えて、「日本産恐竜化石が報告されるようになりました」とは言っても、その多くは部分化石。日本のように地殻変動の激しい地域では、地層中で化石が破壊されてしまうこともあるとみられています。

そんな状況なのに、全長約9メートルのカムイサウルスの化石は、全身の約8割も残っていました。これはかなりすごいことです。

全身がよく残っていれば、それだけ研究も進みます。カム

## カムイサウルス大発見!!

全身の約8割の化石が「日本で」みつかった。

イサウルスを報告した北海道大学総合博物館の小林快次さんたちは、頭骨を中心にカムイサウルスだけにみることのできる特徴を3点、カムイサウルスだけではないけれども、珍しい特徴を13点、見出すことに成功しました。そして、カムイサウルスが9歳以上の成体であると特定し、頭部にはトサカがあった可能性も指摘しています。

## 始祖鳥の次に原始的

日本で最も多くの恐竜化石が発見されている福井県からは、福井県立恐竜博物館の今井拓哉さんたちによって、2019年に「フクイプテリクス・プリマ（*Fukuipteryx prima*）」が報告されました。この学名は、「福井の原始的な翼」という意味です。

フクイプテリクスは、全長15センチメートルほどの小さな鳥類です。ただし、今井さんたちによれば、報告されたこのフクイプテリクスは亜成体とのことなので、まだ成長する（大きくなる）余地はあります。

フクイプテリクスの重要性を知るためには、ドイツから発見された「アルカエオプテリクス（Arc

haeopteryx)」の特徴も知らなくてはいけません。

アルカエオプテリクスは、「始祖鳥」の名前でよく知られている〝最も原始的な鳥類〟です。現生鳥類のようなクチバシはなく、口には他の恐竜類のように歯が並んでいました。現生鳥類のような翼をもっていましたが、前足の先には他の恐竜類のような鉤爪（かぎづめ）があります。そして、現生鳥類では癒合している（複数の骨が一体化している）尾の骨が、他の恐竜類のように癒合していませんでした。

つまり、アルカエオプテリクスには、現生鳥類と鳥類以外の恐竜類の両方の特徴があったのです。

そして、フクイプテリクスには、アルカエオプテリクスと同じ特徴がいくつもありました。しかし、尾がアルカエオプテリクスとはちがっていました。フクイプテリクスの尾は、

**フクイプテリクス大発見！**

短い棒のような尾が特徴。

現生鳥類のように癒合していて、短い棒のようになっていたのです。

今井さんたちは、こうした分析に基づいて、フクイプテリクスを〝アルカエオプテリクスに次いで原始的な鳥類〟と位置づけています。

## ハドロサウルス類の繁栄の鍵を握る？

小林さんたちは、2021年にも新種を報告しました。

新種の名前は、「ヤマトサウルス・イザナギイ（*Yamatosaurus izanagii*）」。古代日本の呼び名である「倭（やまと）」と、国生みの神話に登場する「伊弉諾（イザナギ）」という神にちなむ名前です。

この名前は、化石の産地が兵庫県の淡路島であることに大きく関係しています。淡路島は、神話で最初に〝生み落とされた〟とされる島だからです。

ヤマトサウルスは、カムイサウルスと同じハドロサウルス類の恐竜です。ただし、カムイサウルスよりも原始的でした。

原始的なハドロサウルス類であるヤマトサウルス。でも、実は生きていた時期は、カムイサウルスとさほど変わりません。つまり、ヤマトサウルスは原始的な特徴をもったまま、長期間にわたって〝命をつないできた〟と考えられています。小林さんたちによると、ヤマトサウルスは、ヤマトサウルスが生きていた時期よりも、2000万年ほど前に生息していたハドロサウルス類の特徴が残っているとのことです。

ヤマトサウルスには、ハドロサウルス類の〝繁栄のヒント〟が秘められている可能性があります。ハドロサウルス類は白亜紀の世界で大繁栄を遂げました。その繁栄の秘密が、ヤマトサウルスに隠されているかもしれないのです。

ただし、知られているヤマトサウルスの化石は、下顎や肩などの一部の骨だけで、今のところ、繁栄の秘密は、秘密のままとなっています。

**繁栄のヒント!?**

ハドロサウルス類の大繁栄の秘密を解く手がかりになりうる!?

また、原始的な特徴をもったまま生き残ったということは、当時の日本で、それが可能だったということでもあります。こうした〝昔の特徴をもったまま、生物が世代を重ねている特別な地域〟のことは「レフュジア（避難場所）」と呼ばれています。白亜紀の日本は、レフュジアだったのかもしれません。

原始的なヤマトサウルスと進化的なハドロサウルスであるカムイサウルスの両方が生息していた白亜紀の日本には、ハドロサウルス類の進化と繁栄の謎を解く鍵があるのかもしれません。ヤマトサウルスは、恐竜類の進化を考える上で、「白亜紀の日本」の重要性を高めた恐竜といえます。

## 〝長爪恐竜〟テリジノサウルス類は、日本の〝普通の恐竜〟だった？

2022年、小林さんたちは、2000年代に北海道でみつかっていた恐竜化石を再研究し、「パラリテリジノサウルス・ジャポニクス（*Paralitherizinosaurus japonicus*）」という新たな名前を与え、新種の恐竜として報告しました。「パラリ（*Parali*）」は、ギリシャ語で「海の近く」を意味する「パラロス（*Paralo*）」にちなんでいます。

パラリテリジノサウルスの名前にも入っている「テリジノサウルス（*Therizinosaurus*）」は、モンゴルで化石が発見されている恐竜の名前です。ティランノサウルスなどと同じ獣脚類というグループのメンバーですが、ティランノサウルスとちがって植物を主食としていたとみられています。全長は10メートルに達し、小さな頭、細くて長い首、でっぷりとした胴体の二足歩行性で、前足の先端には長い爪がありました。2022年に公開された映画『ジュラシック・ワールド／新たなる支配者』を観た人には、物語の終盤で大格闘を演じた恐竜、といえば、思い当たるかもしれません。

テリジノサウルスは、近縁の仲間とともに「テリジノサウルス類」というグループをつくります。パラリテリジノサウルスは、このグループの一員。発見された化石は爪など一部だけでしたが、その全長は3メートルほどとみられています。小林さんたちによると、パラリテリジノサウルスの爪のある指先は、握ろうとしても、ほとんど曲がらなかったとのことです。小林さんたちは、このほとんど曲がらない爪を使って、枝葉を手繰り寄せていたのではないか、と考えています。

注目すべきは、パラリテリジノサウルスの生きていた年代です。約8000万年前とみられています。

日本では他の地域からもテリジノサウルス類の化石が発見されています。その中で最も古いものの年代は約1億2000万年前とされています。

つまり、実に4000万年にわたって、テリジノサウルス類は日本にいた可能性があるようです。白亜紀の日本では、テリジノサウルス類は〝普通に〟見ることができる恐竜だったのかもしれませんね。

# 巨大翼竜「ケツァルコアトルス」は、（やっぱり）飛べなかった？

中生代の空の〝主役〟、翼竜類。

このグループにおいて「最大級」とされる種の一つが、「ケツァルコアトルス・ノルスロピ（*Quetzalcoatlus northropi*）」です。

大きなクチバシのある頭部、長い首、そして、大きな翼。翼を広げた時の左端から右端までの長さ――翼開長は、10メートルに達したとみられています。2022年に公開された『ジュラシック・ワールド／新たなる支配者』にも登場し、主人公たちの乗る航空機に襲いかかるという活躍（？）を見せました。

ただし、実は、2000年代からこの巨大翼竜の飛行能力について、疑問視する研究が増えてきています。
これほど巨大な翼竜は、「はたして飛ぶことができたのか」というものです。

## 航空力学で計算

2022年に名古屋大学大学院の後藤佑介さんたちが発表した研究も、ケツァルコアトルスの飛行能力に関するものの一つです。
20世紀末、あるいは、21世紀初頭くらいまで、ケツァルコアトルスのような翼竜は羽ばたいて力強く飛ぶのではなく、自然発生する上昇気流を捕まえて滑空飛行すると考えられていました（飛行できるとしても）。羽ばた

**飛べた？**

こんなに大きな体で飛ぶことができた？

いて飛行するためには、頑丈な骨と強力な筋肉が必要ですが、大型の翼竜類にはそうした要素がないとみられているためです。

後藤さんたちは、現代のグライダーの飛行などに使われる航空力学の視点から、はたしてケツァルコアトルスが本当に滑空飛行をすることができるのかどうかを検証しました。

この研究の基本的な考え方は、「生物が滑空する速度を、上昇気流の速度が上回ることができるかどうか」です。現生の滑空飛行をする鳥類は、ゆっくりと滑空することで上昇気流の速度が滑空速度を上回り、高度を保つ（飛行を続ける）ことができます。

後藤さんたちの計算によると、ケツァルコアトルスの滑空速度は、上昇気流の速度を常に上回っていたそうです。つまり、上昇気流では、ケツァルコアトルスを支えることができなかったということになります。後藤さんたちは、同じ計算方法で絶滅鳥類の大型種（翼開長7メートル）や、同じ翼竜類である翼開長6メートルほどの「プテラノドン（*Pteranodon*）」の滑空速度を計算しています。こうした他の飛行動物と比較しても、ケツァルコアトルスの滑空速度は極端に速いとか。

この結果から、後藤さんたちは、ケツァルコアトルスは滑空飛行することが苦手だったと指摘しています。なお、こうした自然発生する上昇気流を利用した滑空飛行は、「サーマルソアリング」と呼ばれます。滑空飛行にはもう一つ、海上の風速勾配を利用した「ダイナミックソアリング」もあります。ケツァルコアトルスは、ダイナミックソアリングも苦手だったとのことです。

ケツァルコアトルスは飛行できなかった。

この説を支える手がかりが、また一つ増えました。

もちろん、太古の飛行動物については、未知の要素がたくさんあります。何しろ、ケツァルコアトルスの姿自体は飛行動物のそれです。そして、ケツァルコアトルスの体重も、まだ正確には見積もることができていません。「ケツァルコアトルスは飛べない」との答えを出すには、時期尚早といえるでしょう。引き続き、研究の展開が期待されます。

# 哺乳類は、すでに社会性を獲得?

中生代の哺乳類に関するイメージは、21世紀に入ってから大きく更新されています。

かつて、「恐竜時代の哺乳類」といえば、恐竜たちの影に隠れるようにひっそりと生きている姿が〝定番〟でした。

しかし、その〝定番〟を覆すような発見が、21世紀になって相次いでいます。現生のムササビのように滑空するもの、ツチブタのように土を掘るもの、ビーバーのように水中に潜るもの、そして、恐竜の幼体を襲って食べるもの……。中生代にはすでに哺乳類が多様な世界を築いていたことが見えてきました。本書の前作である『恐竜・古生物ビフォーアフター』でも、こうした哺乳類を紹介しています。

2020年に、ワシントン大学(アメリカ)のルーカス・N・ウィーヴァーさんたちが報告した全長10センチメートルほどの「フィリコミス（Filikomys）」もそうした〝多様な哺乳類〟の一つです。

## 複数の世代で、地中で暮らす

現在の哺乳類には、集団で暮らしている種がたくさんいます。生まれたばかりの幼体から年老いた成体まで、複数の世代にわたって群れをつくり、種によっては狩りを行い、種によっては天敵から身を守って暮らしています。

こうした「社会性」は、これまで漠然と新生代に入ってから獲得されたものと考えられていました。哺乳類を含むより大きなグループである「単弓類」の視点で見ると、中生代よりも前に社会性をもっていたとみられる種がいます。しかし、中生代に登場した哺乳類については、これまで社会性に関する手がかりがなかったのです。

フィリコミスの化石は、アメリカのモンタナ州に分布する白亜紀後期の地層から発見されました。フィリコミスは尾の長い哺乳類で、全長の4割ぐらいは、細い尾が占めています。細い顔で、門歯が長く、前脚ががっしりとしているという特徴があります。ウィーヴァーさんたちは、フィリコミスは、この前脚を使って地面に穴を掘り、その中で暮らしていたとみています。

フィリコミスの化石は、32平方メートルという学校の教室よりも狭い場所からたくさんみつかりました。化石によって、深さが異なるらしく、最も深いところでは亜成体3匹と成体2匹が同じ場所にいたそうです。他に亜成体2匹と成体2匹が同じ場所にいたり、亜成体と成体が1匹ずついたりなど、複数の個体が集まっていたとのこと。

この状況から、ウィーヴァーさんたちはいくつかの世代のフィリコミスが集まって地中に巣をつくって暮らしていたと指摘しています。

フィリコミスのこの例が、北アメリカにおける〝異な

**地中に巣**

複数の世代が集まり、巣穴のなかでともに暮らしていた。

る世代が集まった哺乳類集団〟の最古の例であり、集団営巣の最古の例であり、そして地中の巣の最古の例とのことです。

なお、フィリコミスは、現在の哺乳類――有胎盤類、有袋類、単孔類のいずれでもない、「多丘歯類」という絶滅した哺乳類のグループに属しています。

現在の哺乳類につながらないグループでも、哺乳類は恐竜時代にすでに社会性を獲得していたのです。

Chapter

2

Before

# 古生代のビフォーアフター

劇的な変化を遂げたのは、
中生代の生き物だけじゃなかった!!
古生代の大変化!!

After

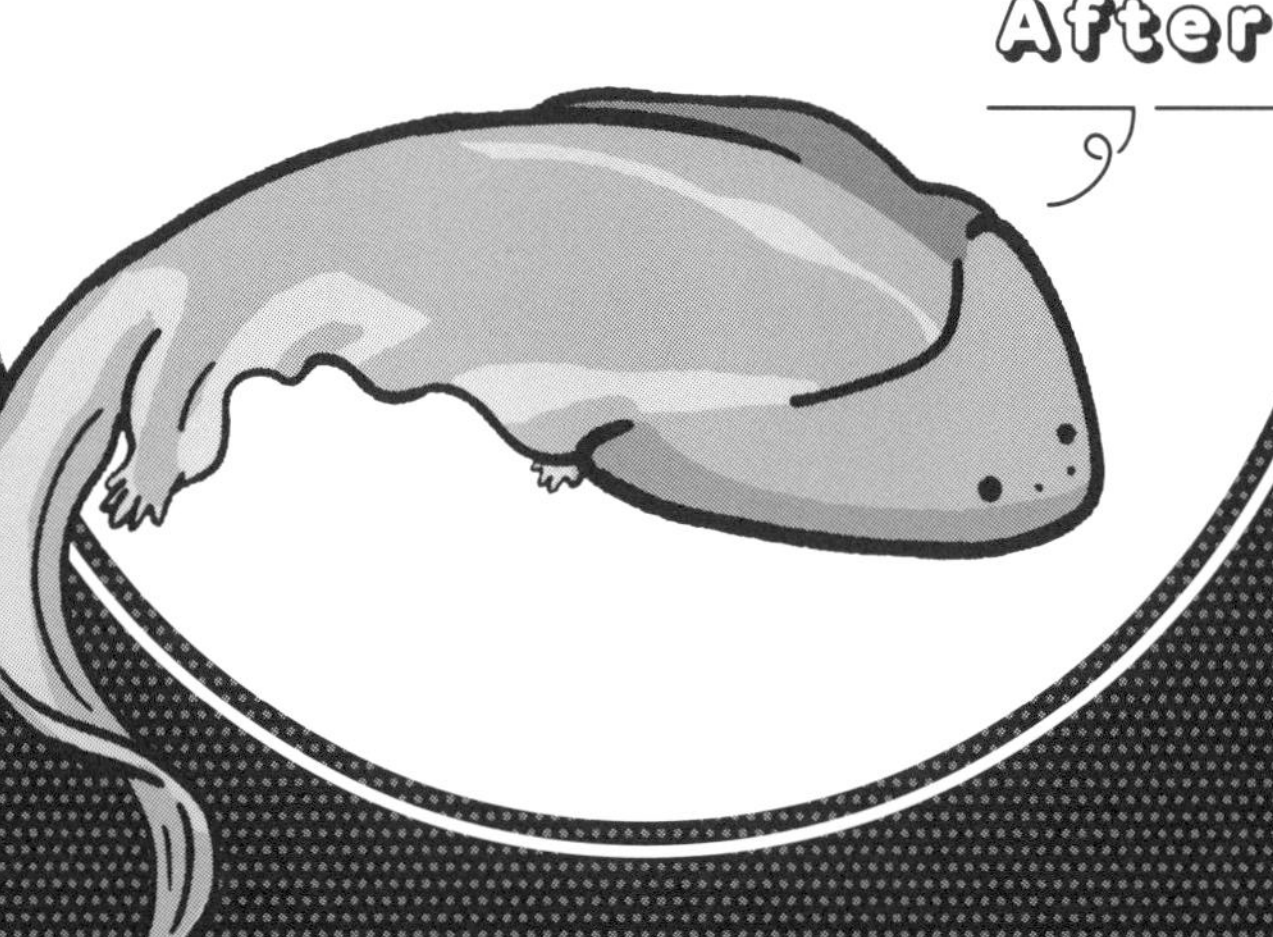

## “最初の狩人”アノマロカリスの姿が変わった……そして、変わる？

動物のからだが化石として地層中に残り、喰（く）う・喰われるの生存競争が本格的に行われるようになったのは、今から約5億3900万年前に始まった古生代カンブリア紀といわれています。

当時の動物たちは海で暮らし、海で命を育んでいました。

カンブリア紀の海洋生態系で、“絶対的な狩人”として君臨していたとみられている動物が、「アノマロカリス・カナデンシス（*Anomalocaris canadensis*）」です。頭部先端付近から大きな触手（学術上の呼び名は「付属肢」）が2本伸び、その触手の内側には鋭いトゲが並ぶという特徴があります。頭部の底には、細いプレートが並んで円形の口をつくり、頭部の上面に近い位置からは2本の柄が伸びてその先に大きな眼がありました。からだの脇には多数のひれが並ぶ。そんな姿でした。

ともすれば、恐竜類に次ぐ知名度のあるアノマロカリスですが、実は研究の進展とともに、その復元像は少しずつ変わってきています。その意味では、〝あなたのアノマロカリスのイメージ〟次第で、あなたの〝世代〟がわかってしまうかもしれません。

## 1990年代の〝ビフォー〟

日本に最初に〝アノマロカリス像〟を本格的にもちこんだのは、1993年に刊行された『ワンダフル・ライフ』(スティーヴン・ジェイ・グールド著)かもしれません。この本は、もともと1989年に刊行された洋書の翻訳本です。

アノマロカリスの最初の化石は、1892年に報告されました。ただし、その化石は触手の部分だけ。この触手の部分がエビに似ていたので、「奇妙なエビ」を意味する「*Anomalocaris*」という学名が与えられました。20世紀初頭には、同じ地層から化石が発見されているまったく別の動物の一部とみなされていました。

その後、「アノマロカリス」の名前(属名)をもつ種は複数報告され、1985年にケンブリッジ大学（イギリス）のH・B・ウィッティントンさんと、イェール大学（イギリス）のD・E・G・ブリッグスさんによって、アノマロカリスの全身像が初めて復元されました。
ただし、このアノマロカリスの学名は、「アノマロカリス・ナトルスティ（*Anomalocaris nathorsti*）」で、先ほど特徴を挙げたアノマロカリス・カナデンシスではありません。アノマロカリス・ナトルスティは、現在では「ペイトイア・ナトルスティ（*Peytoia nathorsti*）」と呼ばれており、現在の書籍等で扱われる「アノマロカリス」とは別の動物です。アノマロカリス・カナデンシスとペイトイア・ナトルスティのちがいはいくつもあります。例えば、ペイトイア・ナトルスティの眼には柄がありません。からだもやや幅広です。

1993年刊行の『ワンダフル・ライフ』で、「アノマロカリス」として大きく注目されたのは、現在でいうところのペイトイア・ナトルスティでした。当時、『ワンダフル・ライフ』は大ベストセラーとなり、関連書籍がいくつも出版されました。そこで、ペイトイア・ナトルスティの復元が、「アノマロカリスのイメージ」としていっきに普及しました。この時に見た「アノマロカリスのイメージ」を「アノマロカリス」としてご記憶の方は、幅広のからだと柄のない眼がアノマロカリスのイメージとなっているかもしれません。

一方、1996年になって、ロイヤル・オンタリオ博物館（カナダ）のデスモンド・コリンズさんが、「アノマロカリス・カナデンシス」の復元を発表しました。これこそが、「頭部先端付近から大きな触手が2本伸び、その触手の内側には鋭いトゲが並び、頭部の底では細いプレートが並んで円形の口をつくり、頭部の上面に近い位置からは2本の柄が伸びてその先に大きな眼があり、からだの脇には多数のひれが並ぶ」というアノマロカリスの復元です。

コリンズさんは、1994年に放送された『NHKスペシャル　生命　40億年はるかな旅』

## 1996年モデル

おなじみの復元。

に協力しており、同番組では1996年の論文発表に先んじる形で、アノマロカリス・カナデンシスのロボットとCGが登場しました。

NHKスペシャルで放送され、論文でも発表された〝1996年モデル〟は、その後のアノマロカリス像の主流になりました。2004年に刊行された『小学館の図鑑NEO 大むかしの生物』（小学館）、2013年に上梓（じょうし）した拙著『エディアカラ紀・カンブリア紀の生物』（技術評論社）、2014年に刊行された『ポプラディア大図鑑WONDA 大昔の生きもの』（ポプラ社）、2018年に上梓した拙著『リアルサイズ古生物図鑑 古生代編』（技術評論社）などでは、多少の情報更新はあるものの、基本的には〝1996年モデル〟をベースとした復元が掲載されています。

筆者は、かつて科学雑誌『Newton』の編集記者をしていました。その際、編集を担当した2007年のカンブリア紀古生物の特集号でも、〝1996年モデル〟をベースとした復元画を掲載しました。

## 頭に甲皮、背中にエラの〝アフター〟？

アノマロカリス・カナデンシスの復元として、〝1996年モデル〟が一般に広く普及する一方で、学界では少しずつ研究が進み、〝1996年モデル〟のアップデートが報告され、議論されていました。

そうしたアップデートの中で、おそらく最も大きなインパクトをもって迎えられたのは、イギリスの大英自然史博物館のアリソン・C・ダレイさんとグレゴリー・D・エッジコムさんが2014年に発表した復元です。

その復元では、〝1996年モデル〟からの大きな変更点として、頭部に楕円形（だえんけい）の〝甲皮〟が追加され、背中とひれにエラが追加されました。頭部の甲皮の影響で、どことなく河童に似た雰囲気が醸し出されるようになりました。全体のイメージとしては「アノマロカリス・カナデンシス」であることはわかるものの、〝1996年モデル〟と比べると「アノマロカリス・カナデンシス？」と、どこかに違和感を感じかねない姿となったのです。

筆者は古生物に関する書籍をこれまでにもいくつか上梓していますが、こうした〝大きな変化〟があった時に、一般書でどのように扱うべきかは、いつもとても悩みます。18ページで紹介したスピノサウルスの例のように、「新しい復元」が必ずしも「正しい復元」とは限らず、「有力な復元」であるかどうかもわからないからです。日進月歩の学界や、即座に情報更新ができるインターネットと異なり、一度、刊行されてしまえば、そう簡単には修正できない「書籍」という世界の悩ましい点です。筆者の場合、復元に際しては、監修協力をいただいている専門家の方々と相談して決めることが多くあります。

## 2014年モデル

頭部に追加された、楕円形の
甲皮が目印！

筆者の上梓した書籍の中で、〝2014年モデル〟を初めて採用したのは、古生物を料理しようというちょっと変わった書籍『古生物食堂』（技術評論社）でした。この本は、2019年に刊行しました。〝2014年モデル〟の発表から5年が経過しています。5年の歳月（正確には、執筆開始時までなので、4年の歳月）が経過しても、〝2014年モデル〟を本格的に否定する論文が発表されなかったことから、一般書で採用しても問題なかろうという判断でした。そして、アノマロカリスに関する総合的な書籍として2020年には『アノマロカリス解体新書』（ブックマン社）を上梓しました。この本では、アノマロカリス・カナデンシスの復元の歴史をたっぷりとまとめています。この時、メインに採用したのは、〝2014年モデル〟です。

本書を執筆している2022年現在では、〝2014年モデル〟が学術論文による全身復元の最新のものです。ただし、『アノマロカリス解体新書』を執筆した2020年の時点でもさまざまな仮説が発表されており、「2014年のこの復元が〝確定モデル〟であると断言することはできない」と添えました。

## まだ〝アフター〟には、遠い？

実際のところ、アノマロカリス・カナデンシスの〝パーツ単位〟では、新たな仮説が発表されています。

例えば、2017年には中国科学院のハン・ツァンさんたちが、頭部の甲皮の形状についての論文を発表しました。この論文では、〝2014年モデル〟で「前後に長い楕円形」で復元されていた甲皮が、「左右に長い楕円形」であるとされています。

また、2018年にはトロント大学（カナダ）のJ・モイシウクさんと、ロイヤル・オンタリオ博物館（カナダ）のJ・B・カロンさんたちが、甲皮は頭部上面だけではなく、側面にもあった可能性を指摘しています。

こうした新情報が正しいかどうかは、これからの研究の展開によるでしょう。

筆者の知る中ですが、いくつかの書籍では、いち早くこれらの復元を取り入れているものがあります。

一方で、やはり学術論文で、〞1996年モデル〞や〞2014年モデル〞のように全身復元の論文の発表を待つべきだ、という指摘もあります。

実は、2017年のツァンさんの論文や2018年のモイシウクさんとカロンさんの論文は、論文のタイトルとしてアノマロカリス・カナデンシスの新復元を謳(うた)っているものではありません。

アノマロカリス・カナデンシスの復元をメインにした論文が発表されてこそ、議論が活性化し、そして、多くの研究者が受け入れられる復元へと集約していくことでしょう。そうなれば、一般書でも積極的に採用できるようになると思います。

**最新復元!?**

さらに甲皮を追加？
まだまだ更新の予感も？

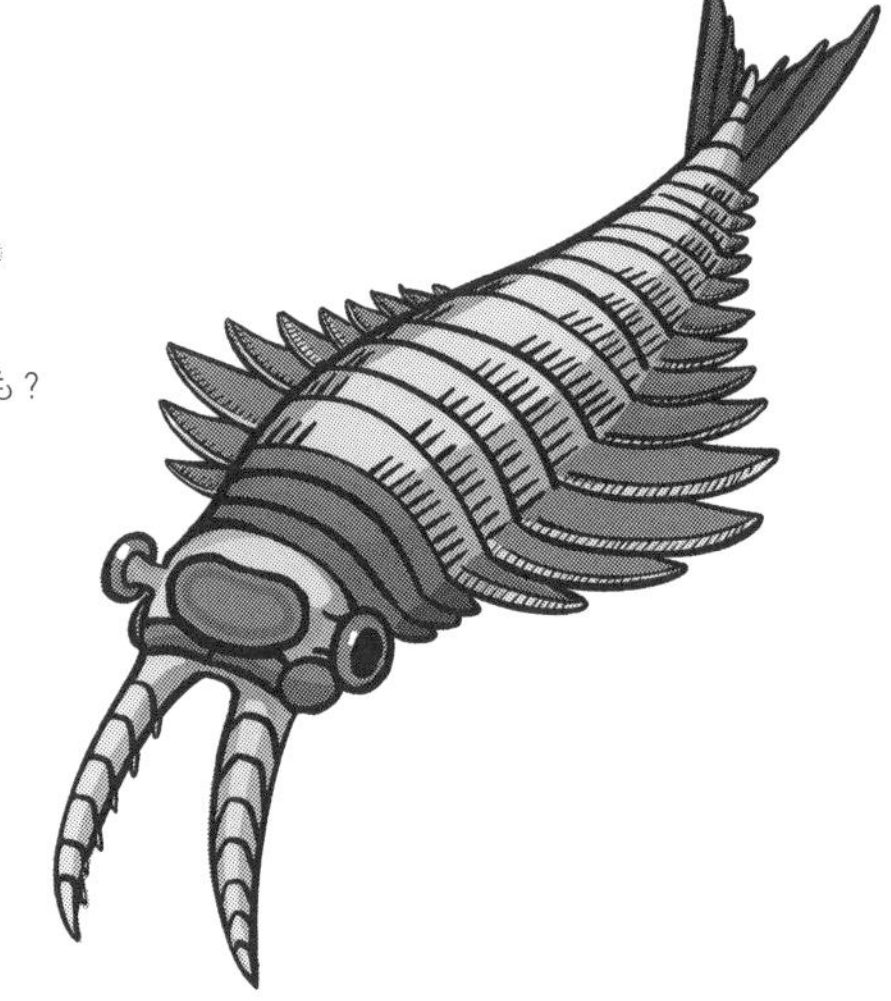

現在のメディアの世界では、アノマロカリス・カナデンシスの復元はいささか混乱しています。〝1996年モデル〟もまだまだ見かけます。〝2014年モデル〟も増えてきました。そして、いくつかの新仮説が取り入れられたモデルも見かけます。

メディアサイド《伝える側》には、どのような根拠をもって、どのモデルを採用するかを考えることが要求されていますし、ぜひ、読者のみなさんには、書籍やテレビ、インターネットなどで見かけるアノマロカリス・カナデンシスの姿が、どのような根拠をもとにその姿となっているか、復元の裏側に思いを馳せてみていただければと思います。それこそが、まさしく〝ビフォー・アフターのサイエンス〟なのですから。

# 見えてきた、アノマロカリスたちの進化

アノマロカリスの姿が本格的に〝見えて〟きたのは、1980年代以降のことです。先に「アノマロカリス・ナトルスティ（*Anomalocaris nathorsti*）」が復元され、次に「アノマロカリス・カナデンシス（*Anomalocaris cnadensis*）」が復元されました。その後、カナデンシスの姿はアップデートされ、ナトルスティの名前も変化して、現在では「ペイトイア・ナトルスティ（*Peytoia nathorsti*）」と呼ばれています。

かつて、アノマロカリス・カナデンシスやアノマロカリス・ナトルスティは、近縁種を含めて、「アノマロカリス類」と呼ばれていました。

しかし21世紀になって、近縁種の発見が相次ぎ、このグループはかなりの大所帯となっています。そのため、現在では「アノマロカリス類」という分類名は、アノマロカリス・カナデンシスとその

ごく近縁の種に限定される傾向にあります。その新しい分類に従った「アノマロカリス類」には、ペイトイア・ナトルスティは含まれていません。

ペイトイア・ナトルスティの近縁種の集まりなどは、別のグループ名が与えられています。そして、アノマロカリス類やそうした近縁の別のグループを含めて、「ラディオドンタ類」と呼ぶようになりました。

もっとも、「ラディオドンタ類」という呼び名はあくまでも暫定的なものです。英語の「Radiodonta」をカタカナ読みしているだけで、正式な日本語訳として古生物学の事典などに載っているわけではありません。今後、日本でも正式な呼び名が決まっていくことでしょう。

問題は、「ラディオドンタ類は何者なのか?」という

ことです。

## 節足動物誕生以前？

ラディオドンタ類の所属に関して、かつては二つの見方がありました。

一つは、「節足動物」の1グループであるというもの。節足動物は、三葉虫類、昆虫類、甲殻類などを含む巨大な分類群です。ラディオドンタ類は、このグループに属するのではないかとされていました。

もう一つは、「分類不明」というもの。古生代カンブリア紀（約5億3900万年前〜約4億8500万年前）だけに生きていた、謎の分類群とみなされていました。

現在では、ラディオドンタ類は、「節足動物が誕生する直前のグループ」との見方が多くなっています。

節足動物の祖先は、チューブ状のからだに多数のあしをもつ動物だったとみられています。眼をもたず、全身が軟らかい。イメージとしては、現在の海にも生きているカギムシの仲間が近いといえるかもしれません（「近い」だけで、祖先そのものではないとみられています）。

そんな動物から節足動物が生まれる途中段階の姿をした動物こそが、ラディオドンタ類ではないか、とされています。ラディオドンタ類は、節足動物のように〝歩行用の節のあるあし〟はもちません が、頭部に2本だけ、おそらく食事用の〝節のあるあし〟をもっています。こうした特徴が、節足動物そのものではなくても、節足動物に近いと考える理由となっているのです。

## 〝間〟をつなぐ〝麒麟〟

ラディオドンタ類は、節足動物の一歩前。

そのことを示唆する化石が、近年になっていくつか報告されています。

例えば、2022年にトロント大学（カナダ）のJ・モイシウクさんとロイヤル・オンタリオ博物館のJ・B・カロンさんが報告した「スタンレイカリス（*Stanleycaris*）」の化石です。

スタンレイカリスは、もともと2010年にその触手（付属肢）だけが報告されていたラディオドンタ類です。モイシウクさんとカロンさんの2022年の論文で、全身像が初めて示されました。

基本的には、頭部に二つの触手があり、からだの脇にはひれが並ぶというラディオドンタ類の典型ともいえる姿でしたが、一つ、大きな独自の特徴がありました。頭部の甲皮の後ろにも眼があったのです。つまり、スタンレイカリスは「三つ眼のラディオドンタ類」だったのです。

……とはいえ、実は〝三つ眼〟であること自体は、さほど珍しいことではありません。確かにラディオドンタ類には他に〝三つ眼〟は報告されていませんが、節足動物には〝三つ眼〟は少なからず存在します。〝五つ眼〟や〝八つ眼〟の節足動物もいます。さらにいえば、ラディオドンタ類の化石は不完全なものが多いので、これまでに知られている種の中にも、「実は、〝三つ眼〟」というものがいるかもしれません。

スタンレイカリスで注目されたのは、その脳構造です。脳と神経系が残っている化石があり、モイシウクさんとカロンさんの解析によって、スタンレイカリスの脳が大きく二つに分かれていることがわかりました。

現生の節足動物の脳は、三つに分かれています。その意味で、ラディオドンタ類は節足動物以前の動物である可能性が高いとされています。

また、ラディオドンタ類と節足動物を〝つなぐ存在〟も報告されています。

2020年に中国科学院のハン・ツァンさんたちが報告した「キリンシア（*Kylinxia*）」がそれです。

キリンシアの「キリン（*Kylin*）」は、複数の動物の特徴をもつという中国の神獣、「麒麟（きりん）」にちなんでいます。

この名前に示されるように、キリンシアにはラディオドンタ類と節足動物の両方の特徴がありました。例えば、頭部からは二つの大きな触手が伸びています。これは、ラディオドンタ類の特徴です。一方、からだの下には〝移動用の足〟が確認されました。この〝移動用の足〟は、根元では1本ですが、その先で二つに分かれています。これは水棲（すいせい）の節足動物の典型的な足と同じです。ちなみ

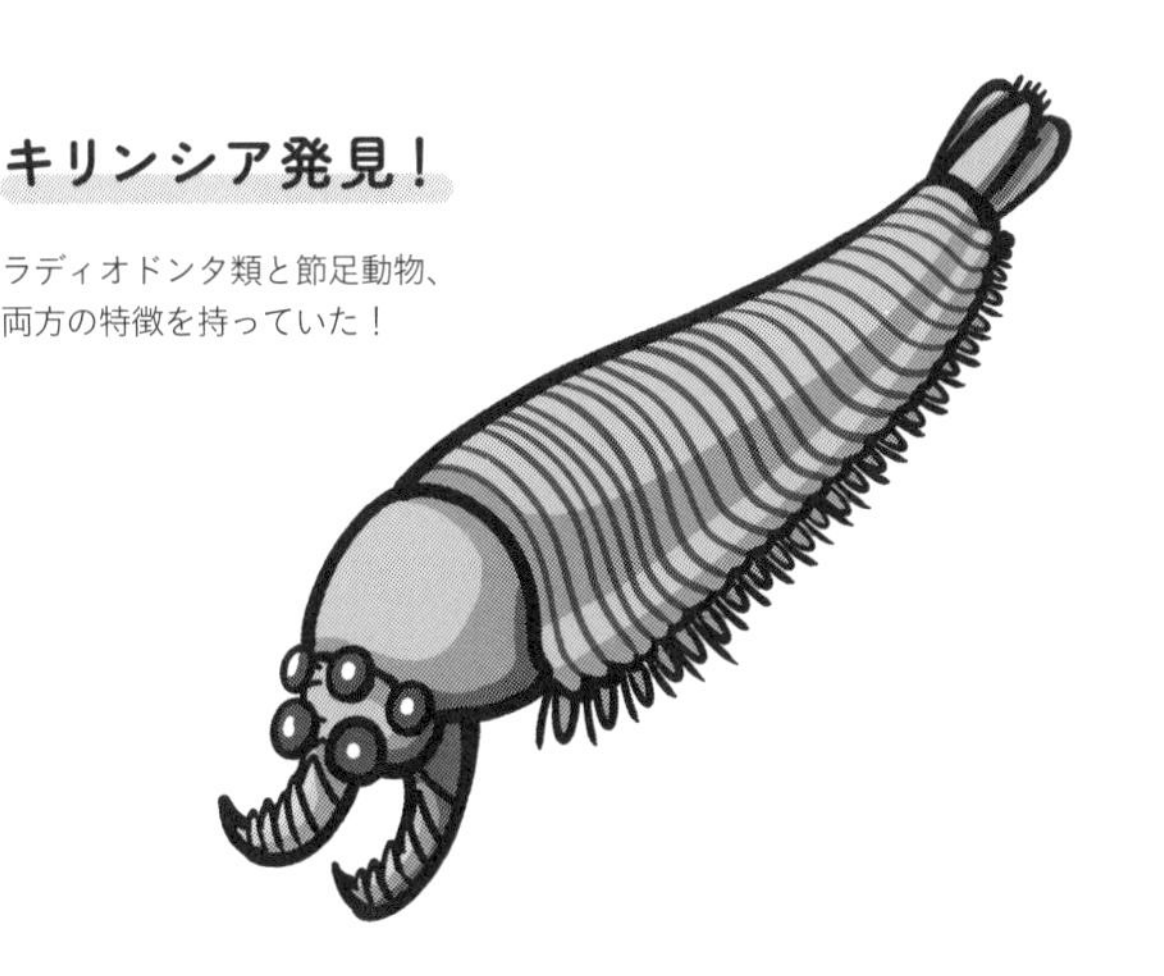

**キリンシア発見！**

ラディオドンタ類と節足動物、
両方の特徴を持っていた！

に、キリンシアの眼は、合計五つあります。これは、「オパビニア（*Opabinia*）」という、また別の動物の特徴でもあります（オパビニアについては、また103ページで解説します）。

ツァンさんたちは、ラディオドンタ類のような動物から、キリンシアのような動物を経て、節足動物が誕生したと考えています。

このように、かつては数も少なく、分類不明とさえされていたアノマロカリスの仲間たちが、現在では、節足動物誕生の鍵を握る重要な分類群として注目されるようになりました。ラディオドンタ類の新種は、毎年のように報告されており、それによって、進化をめぐる解釈も議論されたり、更新されたりしています。

かなり〝アツい分類群〟といえるでしょう。

# 情報アップデートが続く、カンブリア紀の動物たち

約5億3900万年前に始まり、約4億8500万年前まで続いた古生代カンブリア紀の地層からは、ラディオドンタ類以外にも、さまざまな動物の化石が発見されています。

その多くは、現在の〝常識〟から見ると少し、あるいは、だいぶ変わった姿をしているものが少なくありません。そのため、かねてより大きな注目を集めてきました。1993年の『ワンダフル・ライフ』(スティーヴン・ジェイ・グールド著)、1994年の『NHKスペシャル　生命40億年はるかな旅』などで紹介された動物たちは、多くの人々の印象に残ったことでしょう。

このうち、アノマロカリス（*Anomalocaris*）」に関しては、74ページでその研究の変遷をまとめました。ここでは、その他の動物たちの〝ビフォー・アフター〟に注目したいと思います。

## 上下・前後が〝変わった〟「ハルキゲニア」

カンブリア紀の動物たちの〝ビフォー・アフター〟を象徴する存在といえば、カナダのバージェス頁岩から化石が発見された「ハルキゲニア・スパルサ（*Hallucigenia sparsa*）」でしょう。

ハルキゲニア・スパルサは、全長2〜3センチメートル。全身が軟らかい組織でできています。その化石は、チューブ状のからだをしていて、そのチューブの片側には細いトゲが並び、逆側には〝短くて細いチューブ〟が並んでいるように見えます。

ハルキゲニア・スパルサが初めて報告されたのは、1911年のことです。ただし、この時は大きな注目を集めませんでした。

その後、1977年になって、ケンブリッジ大学（イギリス）のサイモン・コンウェイ・モリスさんが、〝最初の復元〟を発表しました。コンウェイ・モリスさんが分析した標本では、トゲが2列あり、〝短くて細いチューブ〟は1列しかありませんでした。そこで、コンウェイ・モリスさんは、トゲを「トゲのようなあし」と考えました。「トゲ＝あし」とはなんとも不思議に思えますが、「2列」

ということがポイントになったようです。

そして、〝短くて細いチューブ〟は、背中に並ぶ円筒のような構造として復元されました。

また、コンウェイ・モリスさんが調べた化石では、からだの一端が膨らんでいました。この「からだの一端にある膨らみ」は頭部と判断されました。

なんとも珍妙な姿の動物です。

ハルキゲニアは、人々のカンブリア紀の古生物への興味関心をいっきに高め、その姿は、邦訳版の『ワンダフル・ライフ』（早川書房）の表紙にも採用されました。

しかし、実は1列しかないと思われていた「短くて細いチューブ」は、2列あることがわかりました。1990年代のことです。奥側の1列は、岩石の下に隠れていたのでした。2列あるのであれば、トゲよりもよほどこちらの方が「あし」に適しています。「からだの一端にある膨らみ」は、化石ができる直前に、例えば口や肛門（こうもん）のような穴からにじみ出た体液であることもわかりました。

つまり、この時点で、ハルキゲニア・スパルサの〝最初の復元〟は、上下が逆であり、大きな頭部がないこともわかったのです。

問題は、「ハルキゲニア・スパルサの頭は、どこにあるのか」でした。チューブ状のからだのどちらの端が頭なのでしょう?

2015年、ケンブリッジ大学のマーティン・R・スミスさんと、トロント大学(カナダ)のJ・B・カロンさんによって、すでに発見されていたハルキゲニア・スパルサの化石の一つが詳しく調べられました。その結果、チューブ状のからだの一端に、二つの眼と一つの口、口の奥にあるたくさんの歯が確認されました。もちろん、こうした特徴を備えた端が、ハルキゲニア・スパルサの頭部となります。それは、〝最初の復元〟で頭部とされた端とは逆でした。

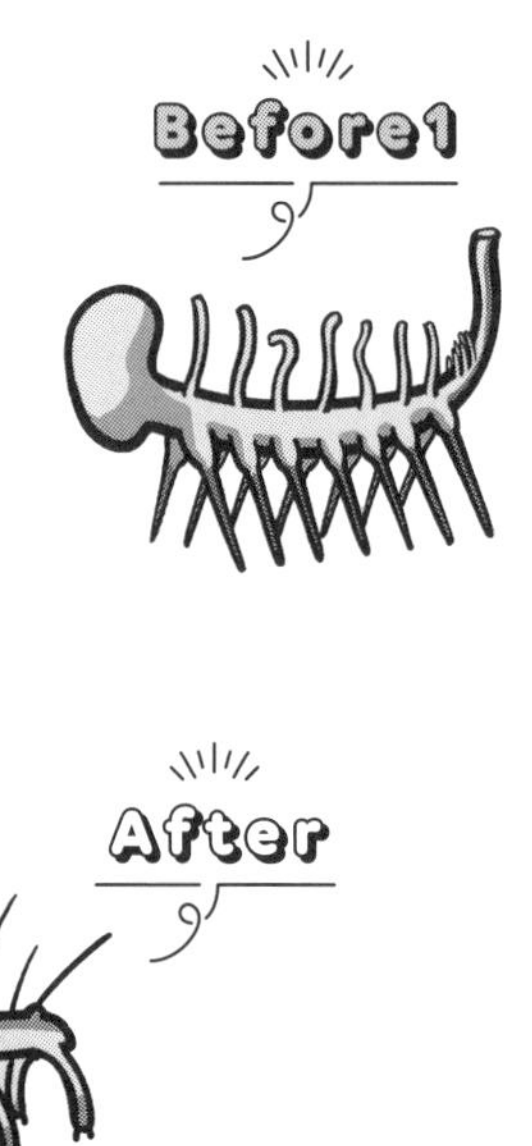

ハルキゲニア・スパルサは、研究の進展によって上下と前後が逆転したのです。

## イカのような姿をしていた「ネクトカリス」

ハルキゲニア・スパルサの〝最初の復元〟が発表される前年――1976年のことです。コンウェイ・モリスさんは、ハルキゲニアとは別の不思議な動物を報告しています。

その動物の名前は、「ネクトカリス（*Nectocaris*）」。復元されたその姿は、全長2センチメートルほど、前後に細長いからだをしていて、頭部はエビに似た甲皮で覆われていました。1対の大きな眼があり、1対、もしくは、2対の短い触手をもつとされました。一方、からだには多数の節構造があり、その上下には背の低いひれのような構造があるとされました。

頭部だけを見れば、まさにエビのような節足動物。でも、からだを見ると節足動物にあるはずの「あし」がまったく見えません。むしろ、ナメクジウオのような脊索動物に見えます。当時、二つの動物群の特徴をあわせた〝キメラ生物〟として扱われました。つまり、ネクトカリスもまた謎の生物だったのです。

謎に対する答えが発表されたのは、2010年のことです。マーティン・R・スミスさんとJ・B・カロンさんが、新たに発見された90個体ものネクトカリスの化石を分析し、その姿を明らかにしたのです。

その姿は、「イカ」とよく似ていました。

円錐形(えんすいけい)のからだをもち、その両側には幅の広いひれがありました。頭部の左右には大きな眼。そして、柔軟に曲がる長い2本の腕と、1本の漏斗が確認できました。腕が2本しかないことを脇に置いておけば、まさにイカの姿でした。

イカは、タコなどともに「鞘形類(しょうけいるい)」というグループに属し、鞘形類はアンモナイト類やオウムガイ類などとともに「頭足類」というグループをつくっています。

スミスさんとカロンさんの論文では、ネクトカリスは「最古の頭

Before

キメラ!?

節足動物と脊索動物のキメラ?

足類」として、位置づけられました。なお、鞘形類であるかどうかまでは絞り込まれていません。

ただし、この〝答え〟がすべての研究者に受け入れられたわけではありません。2011年、ポーランド科学アカデミーのダヴィド・マズレクさんと、シレジア大学（ポーランド）に所属するミハウ・ザトンさんは、ネクトカリスを「頭足類」に分類することに反対する論文を発表しています。

マズレクさんとザトンさんは、「頭足類と考えるためには欠けている特徴が多すぎる」と指摘しました。例えば、顎です。全身が軟らかい組織でできている現在のタコやイカも、顎には硬い組織があります。顎は、頭足類に共通する特徴の一つで、オウムガイ類やアンモナイト類にも確認されています。「カラストンビ」と呼ばれ、お酒のツマミとしても有名です。ネクト

**イカのような姿に！**

初期の頭足類？

カリスは、90個体もの化石が調査されたにもかかわらず、この顎が未発見でした。

一方、スミスさんは、2013年にも論文を発表しています。この論文では、ネクトカリスは、鞘形類に似ているけれども、現在の地球の海で生きている鞘形類とは別のグループで、やはり諸々の特徴をみれば、頭足類であると述べています。ただし、まだいろいろな特徴が未発達の「初期の頭足類ではないか」としました。

2010年以降、ネクトカリスの姿はイカ似の姿に復元されるようになりました。しかしその分類をめぐって、新たな謎が生まれ、まだ結論は出ていません。

## 一反木綿からナメクジへ――「オドントグリフス」

コンウェイ・モリスさんが報告した〝不思議動物〟の一つに、「オドントグリフス（*Odontogriphus*）」がいます。

1976年にこの動物が初めて報告された時、日本の妖怪である「一反木綿」によく似た姿で復元されました。ひらひらとした幅のある平たいからだをもち、その長さは最大で13センチメートル弱。からだは頭部と胴部に分かれていて、頭部の底には歯とひげが並び、胴部には節のような構造があるとされました。その後、この動物は、まさに一反木綿のように、水中をひらひらと泳ぐ姿で描かれました。分類のよくわからない謎の動物という位置づけでした。

２００６年、カロンさんたちは、１８９個体もの新標本を分析。オドントグリフスの姿を大きく更新しました。１９７６年の復元で指摘されていた「歯」は、実は「歯舌」という器官であることが明らかにされました。また、胴部にあった「節のような構造」は、「腹足」という器官にともなう「しわ」と判断されました。

こうした特徴をもとに、カロンさんたちは、オドントグリフスを「軟体動物」に位置づけました。軟体動物には、頭足類の他、いわゆる巻貝やナメクジの仲間などが属している「腹足類」、「二枚貝類」なども含まれています。

Before

## 一反木綿風

分類不明の謎生物。ひらひらした姿。

カロンさんたちの論文では、「軟体動物」以上の分類は特定されていません。でも、この論文以降、オドントグリフスは海底を這うナメクジのような姿で復元されるようになりました。その復元からは、かつての〝一反木綿型の浮遊動物〟の姿を想像することは難しいかもしれません。

## 〝普通の節足動物〟だった「サロトロセルクス」

「サロトロセルクス（*Sarotrocercus*）」は、1981年にケンブリッジ大学のH・B・ウィッティントンさんによって報告された節足動物です。そのあしは、〝一般的な節足動物〟とはちがっていて、まるで櫛のような形状をしていました。四角に近い胴体の下に、そんな櫛形のあしが、2列になって並んでいるのです。また、小さな柄の先に1対2個の大きな眼がついていました。両眼の間には、2本の短い触角

**海底を這うナメクジ!?**

歯舌と腹足が追加。

のようなつくりがあるとされました。全長は約1・6センチメートル。
この不思議なあしは、海底を歩き回るには不適と判断され、仰向けで水中を泳ぎ回っている姿で復元されました。この姿はかなり印象的で、筆者も2007年に刊行した『Newton』5月号の特集記事で紹介しました。

2011年、イェール大学（アメリカ）のヨアヒム・T・ハウグさんたちは、新たに発見されたサロトロセルクスの標本を分析し、復元を更新しました。その姿は、大きな眼こそもつものの、触角はもたず、またあしも他の節足動物と大きく異なるということはありませんでした。つまり、仰向けに泳ぐ不思議なあしをもつ動物とされたサロトロセルクスは、実は〝ごく普通の節足動物〟に近い姿をしていることが明らかになったのです。

もっとも、触角を欠いていたり、柄の先についた大きな眼があると

**仰向けで泳いだ!?**

四角い胴体で背泳ぎする姿で復元された。

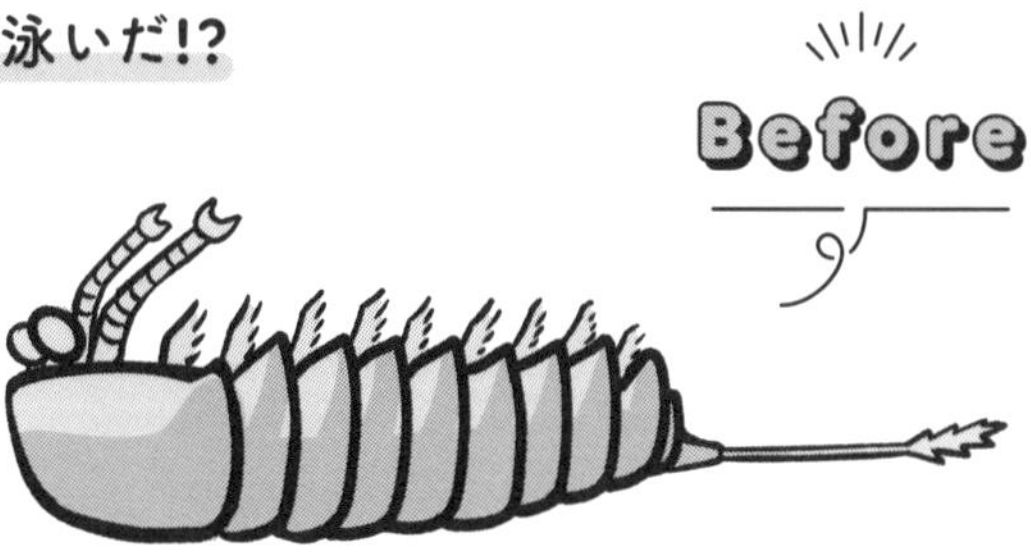

いった特徴から、サロトロセルクスが何か〝特別な生活スタイル〟をもっていた可能性があると指摘されています。

## 〝マイナーチェンジ〟を繰り返す「オパビニア」

カナダから化石が発見されている「オパビニア（*Opabinia*）」も、カンブリア紀を代表する動物といえるでしょう。頭部に五つの眼があり、頭部の底からはノズル状の構造を伸ばし、その先には大きな切れ込みがあります。また、からだの脇には多数のひれが並んでいました。このひれには、エラがあったとみられています。

オパビニアの最初の化石は、1912年にスミソニアン協会（アメリカ）のC・D・ウォルコットさんが報告しました。しかし、この時はさほど大きく注目されませんでした。

オパビニアが脚光を浴びるようになったのは、1975年にウィッ

### ごく普通の節足動物

普通とはいえ、柄の先の眼や触覚の欠如などのオリジナリティあり。

ティントンさんがその復元を発表してからです。「頭部に五つの眼〜」に始まるその姿は、この時に初めて発表されました。

その後、オパビニアの姿は、基本的にはこのままです。ハルキゲニアのように上下・前後が逆転したり、ネクトカリスやオドントグリフス、サロトロセルクスのようにその姿が大きく変わったわけではありません。

しかし、よく見ると、「マイナーチェンジ」ともいえる更新がなされています。

例えば、1997年にウプサラ大学（スウェーデン）のグレイアム・バッドさんによって、オパビニアのからだの下に逆円錐形のあしが並んでいることが指摘されました。

ところが、2007年になって、西北大学（中国）のシンリャン・ツァンさんとイェール大学のデレク・E・G・ブリッグスさんによって、逆円錐形のあしに見えた部分は、実は化石化の過程で〝はみ出た胃腸〟であると指摘されました。つまり、オパビニアにはあしがないとされたのです。

他にもひれの位置やノズル先端の構造など、少しずつ変更が加えられています。もっとも、本項でこれまで見てきた他の動物のように、オパビニアに関しては追加の化石標本が大量に発見されたわけではありません。基本的には、既存の化石の再解釈によることが多いため、現時点で足の有無を含めて、〝確定モデル〟はないといえます。

ブリッグスさんも2015年に発表した論文で、新たな標本の発見や、分析技術の進歩に期待する旨を述べています。

ハルキゲニア、ネクトカリス、オドントグリフス、サロトロセルクス、オパビニアと、5種類の動物を紹介しました。

こうした動物の姿が変更されたその背景には、もともと初期の研究では、少数の不完全な化石しか発見されていなかったことがあります。化石が少ない

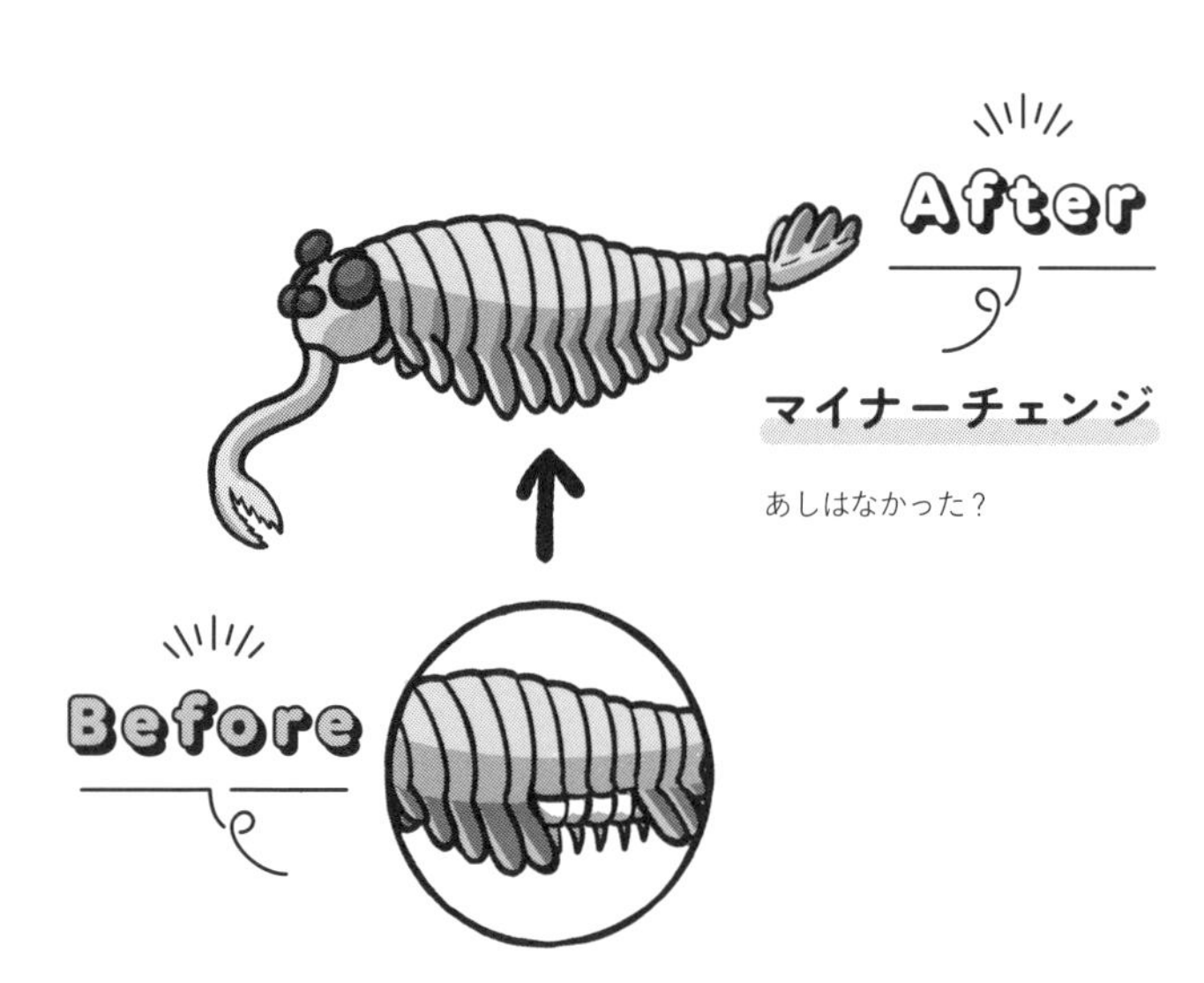

場合、万が一に壊してしまうと、永遠にその種の情報が失われてしまう可能性があります。そのため、大胆な分析が行えません。

新たな化石標本がたくさん発見されたこと、そして、科学技術の進歩によってさまざまな分析ができるようになったことなどによって、姿が更新されてきました。

こうした〝アフターの更新〟は、きっとこれからも続いていくことでしょう。

# カンブリア爆発は、カンブリア紀に起きていない？

「アノマロカリス（*Anomalocaris*）」や「ハルキゲニア（*Hallucigenia*）」、「ネクトカリス（*Nectocaris*）」など、約5億3900万年前に始まった古生代カンブリア紀は、多様な動物が出現した時代として知られています。

かつて、突如としてこうした多様な動物が出現した現象を「カンブリア爆発」と呼んでいました。もともとこの言葉には、「爆発的な多様化」という意味が込められています。例えば、1994年に放送された『NHKスペシャル　生命　40億年はるかな旅』では、「多様な生物が突然、地球上に現れたこと」を「カンブリア爆発」としています。2004年に刊行された『小学館の図鑑NEO　大むかしの生物』でも、「カンブリア紀の終わりまでに、無脊椎動物のほとんどのグループが誕生したこと」を「カンブリア爆発」と呼んでいます。

## 動物の多様化ではなくて……

ここで注意しなければならないのは、私たちが〝見ている景色〟は、「化石に基づいている」ということです。つまり、「多様な動物が出現した現象」は、正しくは、「多様な動物の化石が残りやすくなった現象」を指すのです。

では、なぜ、化石に残りやすくなったのでしょうか？

2000年代から本格的に指摘されるようになったのは、カンブリア紀に「硬い組織をもつ動物が増えた」ということです。

動物のからだは、骨や殻などの硬い組織と、筋肉や内臓、皮膚といった軟らかい組織でできています。動物が死んで化石になる時、硬い組織の方が残りやすく、軟らかい組織は残りにくい傾向があります。

かつて、「カンブリア爆発」と呼ばれていた「突然の出現・多様化」の現象は、実は「突然、硬い組織をもつ種が増えた」と言い換えることができるのです。

大英自然史博物館のアンドリュー・パーカーさんは、2006年に刊行した著書の『眼の誕生』（原著は、2003年刊行）の中で、カンブリア紀よりも前に、動物の多様化が起きていた可能性を指摘しています。多様化は起きていたけれども、硬い組織をもっていないので、その化石が残ることがなかったというわけです。

つまり、かつての「カンブリア爆発」という言葉が指す「爆発的な多様化」は、カンブリア紀には起きていなかった可能性があるということになりました。

一方で、今日でもこの言葉を使う場合は、〝突然の硬組織化〟を示唆する「爆発的な進化」の意味合いが強くなっています。

## 進化のトリガーは、「眼」？

――突然の硬組織化のきっかけは、「眼の誕生」だった。

パーカーさんが1990年代から提唱している、この「光スイッチ説」は、現在ではかなり有力な説とみなされるようになりました。

実は、カンブリア紀よりも前の生物の化石には、ほとんど硬い組織が確認できないだけではなく、「眼」もないのです。

パーカーさんによると、カンブリア紀に入って眼をもつ動物が出現したことにより、動物たちの進化が急速に進行し、その一環として硬組織化も進んだといいます。

例えば、眼をもつ動物が捕食者だった場合、何が起きるでしょうか?

眼をもつということで、獲物の位置を把握しやすくなります。獲物のからだで、どこを襲えば良いか、ということもわかるでしょう。すると、被捕食者（襲われる側）としては、簡単には攻撃されないトゲで武装したもの、あるいは、硬い殻をもつものが有利になります。

こうした被捕食者を襲うために、襲う側である捕食者も、より硬い武器をもつものや、硬い殻にしっかりと結びつき、力強く動かせる筋肉をもつものが有利になるでしょう。

「眼」をもつ動物が出現したことで、捕食者も被捕食者も、進化がいっきに進む。この仮説が、「光スイッチ説」です。まさに、眼で光を検知できるようになったことで、〝進化のスイッチ〟が入ったかのようです。

その結果として、「硬い組織」も発達し、化石になるものも増えたと考えられています。

## 本格的な生存競争の始まりはいつ？

光スイッチ説が示唆しているのは、喰う・喰われるの生存競争の〝本格的な始まり〟です。眼の誕生をきっかけとして、動物たちはアクティブに、そして、アグレッシブになったと考えられています。このことは動物本体の化石ではなく、動物の行動が残った「生痕化石」からもすでに示唆されています。

生痕化石とは、足跡などの移動痕、巣穴、糞(ふん)などが化石となったもののことです。地層中には、こうした化石も残ります。このうち、カンブリア紀よりも前の時代までは、移動痕は海底面上に限定されていました。一方、カンブリア紀が始まると、移動痕は海底下にもつくられるようになります。……というよりも、そうした海底下に潜る生痕化石がみつかるようになるタイミングが、「カンブリア紀の始まり」と定められているのです。

移動痕が海底面上に限定され、海底下に潜ることがなかったということは、海底下に逃げる必要がなかったことを意味しています。逆にいえば、カンブリア紀になって、動物は海底下に逃げなくてはいけなくなったのです。つまり、襲われる可能性が高くなったと考えられています。

## 海底下は安全？

逃げるように
なったのは、
いつから？

## 地域によっては、カンブリア紀の前から？

動物が海底下に逃げ始めたのはカンブリア紀から。それが、〝ビフォーの常識〟でした。

しかし2018年、名古屋大学の大路樹生さんたちによって、モンゴル西部の約5億5000万年前の地層から、海底下約4センチメートルまで掘られた「U字」型の生痕化石が発見されました。

わずか「4センチメートル」。

されど「4センチメートル」です。

約5億5000万年前といえば、カンブリア紀の始まりよりも1000万年以上昔です。そんな時代でも、地域（正しくは、海域）によっては、海底下へ逃げる必要性があったことをこの生痕化石は示しているのかもしれません。

つまり、喰う・喰われるの生存競争は、世界で一斉に始まったのではなく、少しずつ、世界のどこかで先行して進んでいた可能性が出てきたのです。

## 捕食は、約5億5700万年前に始まっていた？

2022年、生存競争の本格的な始まりに関する新たな化石が報告されました。

オックスフォード大学（イギリス）のF・S・ダンさんたちが、イギリスにある約5億6200万年前〜約5億5700万年前にできた地層から、全長20センチメートル弱のイソギンチャクのような化石を発見し、「オーロラルミナ・アッテンボロギィ（*Auroralumina attenboroughii*）」と名付けました。

ダンさんたちによると、オーロラルミナはまさにイソギンチャクと同じ刺胞動物であるとのことです。

刺胞動物は、種によっては自分自身で海底を動き回り、プランクトンなどを捕まえて食べる動物です。これまでも、カンブリア紀以前の地層から〝海底に溜まった有機物などを引っかいて集めて食べる動物〟の化石はみつかっていましたが、こうして〝積極的に獲物を捕食するタイプ〟の動物は、オーロラルミナが最も古い存在とされています。

かつて、カンブリア紀よりも前には、動物たちはさほど種類が存在せず、存在していたとしても本格的な生存競争とは無縁とされていました。それ故に、カンブリア紀の多種多様な動物化石が注目され、「カンブリア爆発」という言葉が生まれました。

しかし現在では、カンブリア紀よりも前にも（化石に残りにくい）たくさんの動物が存在し、彼らによる喰う・喰われるの世界が地域的には展開していたと考えられるようになりました。

カンブリア紀の始まりのころに何があったのか？

今、大きく注目されているのです。

# ターリーモンスターは、サカナ？　それとも……

アメリカのイリノイ州シカゴ近郊、「メゾンクリーク」と呼ばれる化石産地からは、なんとも不思議な姿の動物化石が多産します。

その化石は、大きなものでは長さ数十センチメートルの岩塊の中に入っています。ぺしゃんこにつぶれていて、まるで石の染みのようです。その形は、前後に長く、大部分は一定の幅があります。ただし、一端はチューブのように細長くなっていて、その先にはハサミのような構造がありました。その細長い構造の付け根の近くでは、左右に伸びる軸のような構造があり、その軸の両端には小さな膨らみがありました。逆の端には、菱形（ひしがた）の構造があります。時代は、古生代石炭紀。各地にシダ植物を中心とした大森林が築かれ、昆虫類の繁栄が始まった時期です。

この化石は、「ツリモンストラム（*Tullimonstrum*）」という水棲（すいせい）動物のものです。全長は、40センチメートルにおよぶ個体もあります。

当初復元されたツリモンストラムの姿は、水平方向に平たくて長い胴体で、その一端から細長いチューブ状の構造があり、その先にハサミのような構造がありました。そして、チューブ状構造の付け根の近くで左右に伸びる柄の両端にある小さな膨らみは「眼」、チューブ状構造と逆の一端にある菱形の形状は、尾びれと解釈されました。実に珍妙。

謎すぎて、分類不明とされました。

ツリモンストラムは、1966年に報告されてからずっとこの〝謎の姿〟で親しまれてきました。化石が産出されたイリノイ州では、この古生物を「州の化石」に認定しています。また、発見者のフランシス・ターリーさんにちなんだ「ターリーモンスター」の愛称もつけられています。

**ターリーモンスター**

2016年の復元ではサカナっぽく（くわしくは次ページ本文で）。

## サカナだったモンスター

2016年、イェール大学（アメリカ）のヴィクトリア・E・マッコイさんたちが、ツリモンストラムに関する論文を発表し、大きな注目を集めました。

論文のタイトルは、「The 'Tully monster' is a vertebrate（"ターリーモンスター"は、脊椎動物だ）」というものです。

謎とされていた不思議動物が、実は脊椎動物——現生のヤツメウナギのような顎のないサカナ（無顎類）の一種であるとマッコイさんたちは主張しました。

マッコイさんたちは、1200個以上ものツリモンストラムの化石を調べ、そこに「脊索」「軟骨」「エラ」といった、無顎類の特徴を見出したのでした。

この「ツリモンストラムは無顎類」とする見方に沿って新たに復元されたその姿は、少しぷっくりとしたからだをもっていて、眼の柄の後ろにヤツメウナギのように丸い鰓孔（えらあな）が並んでいました。

また、尾びれは垂直方向とされました。水平方向に平たいとされていたそのからだは、現生の多くのサカナがそうであるように、垂直方向に平たいとみなされたのです。化石自体は何も変わっていませんし、ものすごく良質な新たな化石が発見されたわけでもありません。解釈が変わったことで、復元の姿が変わったのです。

そしてそれは、50年来の不思議動物の正体が明らかになった瞬間でした。

## サカナとは言い切れないモンスター

……と、ここでツリモンストラムの物語は終わりではありません。

実は、マッコイさんたちの論文が発表された翌2017年、ペンシルヴェニア大学（アメリカ）のローレン・サランさんたちが、「THE 'Tully monster' is not a vertebrate（"ターリーモンスター"は、脊椎動物ではない）」と題した論文を発表したのです。

サランさんたちは、マッコイさんたちが「無顎類の証拠」として挙げた特徴を一つずつ検証し、それが必ずしも「無顎類の証拠」とは言い切れないことを指摘しました。また、ツリモンストラムの化石が発見されるメゾンクリークの地層では、そもそも脊椎動物の証拠になり得るような特徴は、化石として残らないとも指摘しています。実際のところ、メゾンクリークからは多数の動物化石が発見されていますが、脊椎をはじめとする「骨」は、化石として残っていないのです（骨が化石として残っていなくても、脊椎動物とわかる化石自体は多数見つかっています）。

簡単にいえば、ツリモンストラムを脊椎動物とみなすための特徴は、マッコイさんたちの〝見間違い〟ではないか、と指摘されたのです。

## やっぱりサカナなのかモンスター

マッコイさんたちは、２０２０年になって自説を補強する新たな証拠を発表しました。なお、この間に、マッコイさんの所属はイェール大学からウィスコンシン大学へと移りました。

２０２０年の論文で、マッコイさんたちは、新たに化石の化学成分に注目しました。マッコイさんたちの分析の結果、ツリモンストラムの化石に残された化学成分は、脊椎動物をつくる軟らかい組織と似通っていたそうです。

この化学成分をもとに、マッコイさんたちは、やはりツリモンストラムはサカナであると主張しています。

## やっぱりサカナではないのかモンスター

議論は続きます。

2023年、東京大学大学院（研究当時。現在は国立科学博物館所属）の三上智之さんたちは、〝サカナ説〟を否定する研究結果を発表しました。三上さんたちは、ツリモンストラムの153標本の構造を3Dレーザースキャナーや X線マイクロCTなどを駆使して分析し、マッコイさんたちが、ツリモンストラムをサカナ（脊椎動物）とする根拠としていた構造が、実はいずれも脊椎動物のものとは異なることを見い出したのです。三上さんたちは、ツリモンストラムが特殊化した無脊椎動物である可能性を指摘しています。

本書執筆時点において、この論争は継続中です。モンスターは、サカナだったのか？ それとも、不思議動物のままなのでしょうか？ 〝アフター〟が確定する日は、まだ先かもしれません。

## 埋まるミッシングリンク。脊椎動物の上陸大作戦

脊椎動物の歴史を遡ると、最初はサカナとして海の中に登場したと考えられています。その後、遅くても約3億7000万年前の古生代デボン紀後期には、四肢をもち、上陸をはたしたようです。

この〝脊椎動物の上陸作戦〟に関しては、日進月歩の勢いで新たなことが次々と明らかになり、サカナからどのような過程を経て、陸上四足動物に進化を遂げたのかについて、詳しい部分まで明らかになりつつあります。

かつて、1976年に刊行された『小学館の学習図鑑　大むかしの生物』では、〝上陸作戦〟に関わる脊椎動物として、「ユーステノプテロン（*Eusthenopteron*）」と「イクチオステガ（*Ichthyostega*）」だけが収録されていました。

この本では、ユーステノプテロンは「甲冑魚（かっちゅうぎょ）」の一つとして紹介され、「歩くことはできたと思

いますが、ひれの構造はまだ手や足になっていません」と書かれています。「甲冑魚」とは、頭胸部を骨の鎧で覆ったサカナたちを指す言葉で、古生代末までに滅びました。

一方のイクチオステガは、サカナのような姿で復元され、「手や足の骨はひれのようなものではなく、両生類などの手や足と同じ構造」として紹介されました。1992年に刊行されたフレーベル館の『きょうりゅうとおおむかしのいきもの』でも同様の扱いです。こちらは、現在の理解とは大きく異な

## ユーステノプテロン

手足はないけど歩くことができた？

## イクチオステガ

両生類などと同じ手足。

ります。

それでも、この2種類の古生物は、〝上陸作戦〟を理解する上で、〝起点〟と〝到達点〟として位置づけられ、〝アフター〟は、主にこの2点の間を埋めるように進展しました。

2004年に刊行された『小学館の図鑑NEO　大むかしの生物』では、ユーステノプテロンは甲冑魚ではなく、「肉鰭類（にくきるい）」として収録されました。肉鰭類とは、文字通り「肉質のひれ」をもつサカナたちで、現在でも生きている肺魚類やシーラカンス（*Latimeria*）の仲間たちがここに属しています。

イクチオステガは、少なくとも後ろ足には7本の指がある両生類として紹介されています。1976年の『小学館の学習図鑑　大むかしの生物』や、1992年の『きょうりゅうとおおむかしのいきもの』と比べると、サカナ型というよりは、どっしりとした力強い四足動物の姿で描かれるようになりました。

この時、〝上陸作戦〟に関わる動物として、さらに2種類が追加されています。

一つは、「パンデリクチス（*Panderichthys*）」という肉鰭類です。パンデリクチスは同じ肉鰭類でも、

## イクチオステガ

後ろ足に7本の指がある
どっしりとした姿に。

## パンデリクチス

“上陸作戦”に新たに加わりました。
ユーステノプテロンよりも進化的とされます。

## アカントステガ

こちらも“新入り”。
「最も原始的な四足動物」とされています。

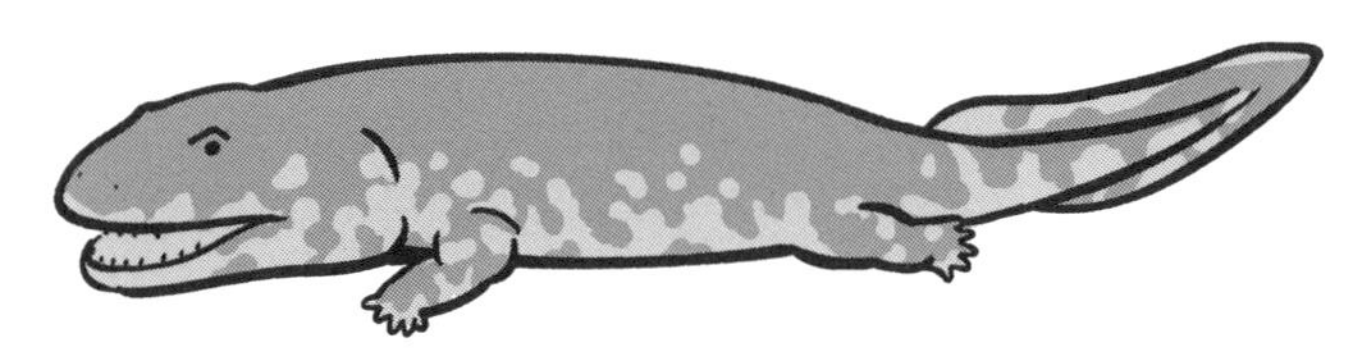

ユーステノプテロンとはちがって、水平方向に平たい頭部をもっていました。目はその頭部の上側についています。これは、ワニなどと同じ特徴です。『小学館の図鑑NEO　大むかしの生物』には、「四足動物に最も近い魚だと考えられています」という解説が添えられました。

もう一つは、「アカントステガ（*Acanthostega*）」という両生類です。こちらは、短く、そして細いとはいえ、はっきりとした四肢をもっていました。「これまでに発見された中で、最も原始的な四足動物です」と解説されています。

つまり、『小学館の図鑑NEO　大むかしの生物』の段階で、ユーステノプテロンという肉質のひれ（内部には、四足動物と同じ骨）をもつサカナから始まって、頭部が四足動物的になったパンデリクチスが続き、四肢をもつアカントステガが登場し、そして、がっしりとした四肢のイクチオステガにつながる、という〝上陸作戦〟が見えるようになりました。

## 腕立て伏せをするサカナ

その後、2006年になって「ティクターリク（*Tiktaalik*）」がこの〝作戦〟に加わりました。

ティクターリクは、パンデリクチスと似たような平たい頭部をもった肉鰭類です。

そのひれの中には、上腕と前腕、手首に相当する骨があり、肩と肘と手首の関節もありました。ここに至って、関節でつながり、力強く動かすことができるようになったのです。

さらに、肘は柔軟に曲がり、手首も曲がってひれの一部を掌のように使うことができたこともわかっています。肩と腕の間にも、大きな筋肉があったようです。

ティクターリクは、「腕立て伏せができるサカナ」だったのです。そのため、パンデリクチスとちがって、例えば、浅瀬や干潟を動き回ることができたとされます。また、ティクターリクには、首や腰の骨があったこともわかっています。首や腰も、サカナにはない特徴です。そして、2023年にペンシルベニ

## ティクターリク

浅瀬などを動き回ることができた!

ア州立大学（アメリカ）のT・A・スチュアートさんたちが発表した研究では骨格が詳しく分析され、その腰の骨が発達していたことが指摘されました。こうした特徴をもつティクターリクは、〝上陸作戦〟を考える上で、〝パンデリクチスの次、アカントステガの前〟に位置づけられるようになりました。つまり、四肢ができる前に、脊椎動物は首や腰などを発達させて、ひれの中に関節をもち、四肢のように動かすことができるようになったのです。

ティクターリクは、2000年代後半に刊行された書籍などで登場するようになり、かつて筆者も『Newton』2007年2月号に執筆した上陸作戦に関する記事でも紹介しました。その後、2014年に技術評論社から上梓（じょうし）した『デボン紀の生物』でも大きく扱っています。

## 手のあるサカナ

筆者は、2021年に『地球生命　水際の興亡史』を技術評論社から上梓しました。この本は、古生物ファンにおなじみとなっている（?）「古生物ミステリー」、通称「黒本」の後継本という位置づけです。「水際の進化」をテーマにした1冊で、もちろん〝上陸作戦〟にも注目しています。

この時、〝上陸作戦〟に関した新たな肉鰭類を収録しました。その肉鰭類の名前は、「エルピストステゲ（*Elpistostege*）」。その姿は、ティクターリクとよく似ています。

エルピストステゲ自体は1938年に報告されていました。しかし当時は〝上陸作戦〟を語る上で重要な種類とは考えられていませんでした。しかし、2020年になって標本の再分析が行われ、ひれの中に腕をつくる骨の他、手首の骨である手根骨、そして、数本の指骨が確認されたのです。

つまり、エルピストステゲは、「ひれの中に手があるサカナ」だったのです。

2020年の研究を紹介した「Nature Asia」の

エルピストステゲ

ひれの中に手！

ウェブサイトには、エルピストステゲを「脊椎動物の手の起源」とした解説記事が書かれています。

この時点で、ユーステノプテロンから始まった〝上陸作戦〟は、パンデリクチスのように平たい頭部をもつようになり、ティクターリクやエルピストステゲのようにひれの中に腕や掌、その関節を発達させ、そして、アカントステガやイクチオステガのように初期の四足動物へつながって、上陸をはたしたと考えられるようになりました。実に〝スムーズな物語〟に見えます。

なお、かつて、アカントステガやイクチオステガは、「両生類」として分類されていましたが、現在ではより原始的な存在として考えられるようになりました。しかし、その原始的な存在をまとめて「○○類」として呼ぶ言葉が（まだ）ありません。

そこで、4本の足をもつ脊椎動物をまとめた言葉として「四足動物」という分類名を使うことが近年では多くなりました。私たちヒトも4本の足をもちますから、四足動物です。アカントステガやイクチオステガは、「原始的な四足動物」と位置づけられています。ただし、この「四足動物」という言葉は、日本語ではまだ定着していません。英語の「Tetrapod」の翻訳であり、「四肢動物」と訳したり、「四足動物類」あるいは「四肢動物類」「四足類」などと訳することもあります。こうした用語も、時間の経過とともに定まっていくことでしょう。ちなみに、ここまでの流れは、『地球生命　水際の興亡史』でも、化石の写真入りで詳しく紹介しています。興味をもたれた方は、ぜひ、同書をご覧ください。

## 水中に戻る

2022年になって、〝上陸作戦〟が一筋縄ではいかなかったことも明らかになりました。

シカゴ大学（アメリカ）のT・A・スチュアートさんたちが、ティクターリクやエルピストステゲによく似た肉鰭類を新たに報告したのです。

「キキクタニア（*Qikiqtania*）」と名付けられたその

キキクタニア

“上陸向き”を“放棄”して泳いだ。

肉鰭類は、ティクターリクやエルピストステゲとよく似ているのですが、ひれの内部にある骨の構造は、ティクターリクのようにからだを持ち上げることよりも、水中を泳ぐことに向いていました。

スチュアートさんたちは、キキクタニアはその（未発見の）祖先の段階で、ティクターリクやエルピストステゲのような〝上陸向き〟のひれを獲得したものの、それを〝放棄〟して、水中へ戻るように進化を遂げたとみられています。

みんながみんな、〝陸への進撃〟を展開していたわけではなさそうです。

## ひれを失う

脊椎動物の〝上陸作戦〟をめぐって、こんな研究も発表されて

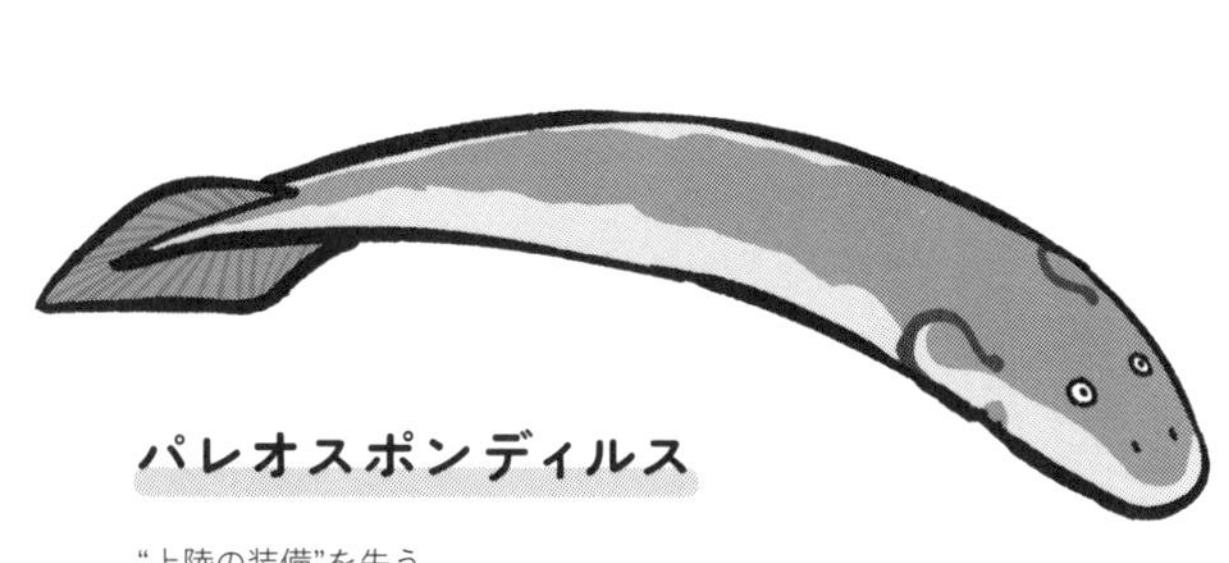

“上陸の装備”を失う。

います。

2022年、理化学研究所の平沢達矢さんたちは、1890年にスコットランドのデボン紀の地層から報告されていた「パレオスポンディルス（*Palaeospondylus*）」の化石を再分析し、ユーステノプテロンとパンデリクチスの〝間〟に位置づけました。

パレオスポンディルスは、歯もひれももっていません。平沢さんたちは、進化の過程で、歯もひれも失ったのではないか、と指摘しています。

パンデリクチスからティクターリクやエルピストステゲへ。〝上陸作戦〟が展開し、足の〝準備〟がひれの中で整っていく中で、そのひれを失った動物もいたことになります。

この研究からも、〝上陸作戦〟が一筋縄ではなかったことがよくわかります。

平沢さんたちの研究では、兵庫県にある「SPring-8」という大型分析施設（大型放射光施設）が使われました。高エネルギーのX線を使うことで、岩の中に埋もれていた化石をその細部まで解析することに成功したのです。これからも、こうした分析方法を採用することで、新たなことがわかっていくにちがいありません。

## 肺の獲得はもっと前

2022年には、リオデジャネイロ州立大学（ブラジル）のカミラ・キュペロさんたちが、肺の進化に関する研究を発表しました。

これまで〝上陸作戦〟に関しては、「いかに、足を発達させてきたか」という視点が中心でした。しかし、よく考えると、水中から陸上へ生活圏を変えるとなれば、他にもさまざまな変化が必要です。

その一つが「肺」です。

水中の動物は「エラ」で呼吸をしています。「エラ」は、水中呼吸用の器官であるため、陸上で空気を取り込むには不向きです。そのため、〝上陸作戦〟を進める際には、肺の獲得が不可欠でした。しかし、骨とちがって、肺は化石に残りにくく、いつ、獲得されたのかがよくわかっていませんでした。そこで、キュペロさんたちは、現生動物に注目しました。サカナでありながらも、肺をもつ「ポリプテルス（*Polypterus*）」と肺魚類、そしてシーラカンスと、両生類の肺を詳しく分析したのです。

その結果、明らかになった肺の進化は、次のようなものです。

もともと、太古のサカナは肺を一つだけもっていました。

一方、肉鰭類から四足動物が登場する過程で、二つ目の肺を獲得したとのことです。つまり、肺が増えたことが、陸上における呼吸の効率を上げ、上陸を可能にしたとキュペロさんたちは指摘しています。これは、あくまでも現生動物の遺伝子を分析した結果なので、〝最初に二つの肺をもった動物〟がどのような姿をしていたのかは、まだ謎に包まれています。ちなみに、サカナはその後、進化の過程で肺を失ったそうです。

脊椎動物の〝上陸作戦〟は、生命の歴史の中でも大きなテーマです。

おそらく今後もさまざまな研究が行われ、さらに新たなことがわかっていくことでしょう。21世紀になってから次々と新しいことが見えてきたことを考えれば、〝新たなアフター〟は、明日なのかもしれません。

# ディプロカウルス、〝ブーメラン頭〟は、どこまで？

古生代石炭紀からペルム紀の半ばにかけて、主にアメリカに生息していた両生類の一つに「ディプロカウルス（*Diplocaulus*）」がいました。全長は1メートルほど。平たい頭とからだで、四肢は短くて貧弱で、長い尾をもっていました。一生を水の中で過ごしたとみられています。最大の特徴は、その平たい頭です。骨を見ると、まるでブーメランのように、平仮名の「く」の字のような形をしていました。

ディプロカウルスは、昔から古生物図鑑の〝常連〟です。1976年に刊行された『小学館の学習図鑑　大むかしの生物』にも、「ディプロコウルス」としてすでに登場しています。生きていた時代が古生代なので、いわゆる「恐竜図鑑」には登場しませんが、「生命史」をテーマとした図鑑では、必ずといって良いほど収録されてきました。

なお、ディプロカウルスは「両生類」ですが、現在の両生類（カエルの仲間、イモリの仲間、アシナシイモリの仲間）とは完全に別のグループです。「空椎類」と呼ばれるグループに属しています。空椎類は、現在の両生類とは、祖先・子孫の関係にはありません。古生代には、こうした「現在の種とは関係しない両生類」がたくさんいました。

さて、そんなディプロカウルスのインパクトのある復元画は、以前から基本的には同じです。ブーメラン頭をもつ、愛らしい姿で復元されています。

しかし近年になって、新たな復元が提案され、注目を受けるようになりました。

実は、「ブーメラン頭」は骨だけの話で、生体を復元する際には、頭部の後方に皮膜があったのではないか、というのです。

Before

**ブーメラン頭**

言わずと知れた、愛らしい復元。

## 新復元は、証拠待ち？

初期の四足動物についての専門的な書籍（洋書）の一つに、『Gaining Ground』があります。イギリスの古生物学者、ジェニファー・A・クラックさんの著書で、2012年にその第2版が刊行されました。

この本に掲載されたディプロカウルスの復元こそが、〝頭部の後方に皮膜のあるモデル〟でした。

ただし、ディプロカウルス自身の化石に皮膜の証拠が確認されたわけではなく、あくまでも近縁種から推測された姿です。この復元は数年間はあまり注目されていませんでしたが、2021年に上梓した拙著『地球生命　水際の興亡史』では、監修の松本涼子さんの指導のもと、このモデルを掲載するこ

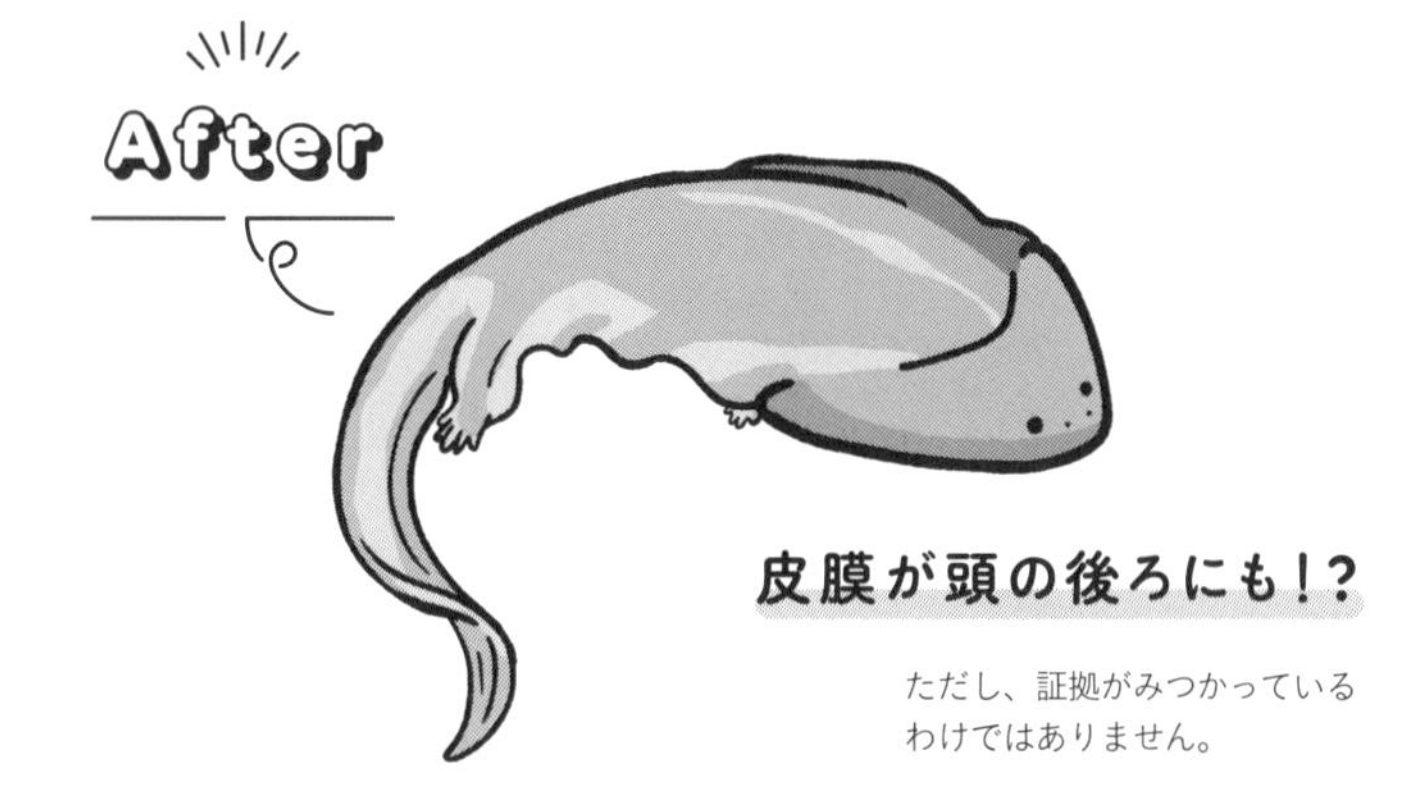


**皮膜が頭の後ろにも!?**

ただし、証拠がみつかっているわけではありません。

とにしました。

もっとも、〝頭部の後方に皮膜のあるモデル〟の提唱は、クラックさんが初めてではありません。1951年には、アメリカの古生物学者のエヴァーレット・オルソンさんによって、「ガンギエイのような皮膚製のフラップ」が後頭部にあった可能性がすでに指摘されています。このあたりの経緯は、ディプロカウルスの生態とともに、2022年にブックマン社から上梓した『前恐竜時代』にもまとめましたので、興味のある方は同書を開いてみてください。

いずれにしろ、この〝頭部の後方に皮膜のあるモデル〟は、まだその確たる証拠がみつかっているわけではありません。その意味では、伝統的な〝ブーメラン頭〟の復元も〝健在〟です。

ディプロカウルスは、古生物の復元の可能性を物語る一例といえるでしょう。さまざまな仮説から、「ひょっとしたら」という可能性が提示され、今後の発見や研究がその可能性にどのように向き合っていくのか。〝アフター〟は、注目が必要といえます。

## でっぷり**カセア類**は、水棲種？

古生代石炭紀からペルム紀にかけて隆盛を誇ったグループに、「カセア類」がいます。カセア類は、「単弓類」の一グループです。単弓類は、私たち哺乳類を含むグループですが、古生代の時点では、哺乳類はまだ登場していません。その意味では、カセア類は、〝哺乳類の祖先の遠い親戚〟ともいえるかもしれません。

そんなカセア類の典型的な姿として、でっぷりと大きなからだと、そのからだの割には小さな頭を挙げることができます。

このグループの代表は、「コティロリンクス（*Cotylorhynchus*）」です。全長は約3・3メートル、体重は約330キログラムという大型のカセア類です。これほどの巨漢でありながら、頭部の長さはわずか20センチメートルしかありません。幅も20センチメートルほど。

コティロリンクスのような大型のカセア類には、かねてより謎がありました。

それは、「どのようにして水を飲んでいたのか?」というものです。大型のカセア類の胴体はでっぷりとしているため、その大きな胸が邪魔になり、地面まで口が届かないのです。そのため、川や湖などの水を飲むことが難しいと指摘されることもありました。

## 実は水棲?

2016年、ライン・フリードリヒ・ヴィルヘルム大学ボン(ドイツ)のマルクス・ランベルツさんたちは、コティロリンクスの骨の内部構造を調べた研究を発表しました。

この研究によると、コティロリンクスの骨構造は、現生の

**胴体が太すぎて……**

水を飲むのもひと苦労?

水棲哺乳類のものとよく似ていたようです。そのため、ランベルツさんたちは、コティロリンクスやその近縁のカセア類は、水棲種だったのではないか、と指摘しました。

なるほど。陸上で暮らすのではなく、水中で暮らしているのであれば、確かに〝水飲み問題〟は解決します。そのため、この研究結果は、〝新たなアフター〟として注目されました。

しかし2022年になって、吉林大学（中国）のロバート・R・ライズさんたちが、コティロリンクスの骨格には、水棲種としての特徴が見当たらず、また、コティロリンクスの化石が発見された地層は、陸上でつくられたものであると、指摘しました。この点を〝素直に〟考えると、コティロリンクスは陸棲種だったということになります。

ただし、ライズさんたちは、ランベルツさんたちが指摘した「骨構造が現生の水棲哺乳類のものとよく似ている」という特徴そのものは否定していません。むしろ、「興味深い」と述べています。

つまり、コティロリンクスは、骨の内部構造こそ水棲用ですが、骨を組み立てると陸棲種となるという、なんとも矛盾する特徴をもっていることになります。

この不思議なカセア類の生態に、今後も注目する必要があるといえるでしょう。

# 謎の「螺旋の歯」の正体――ヘリコプリオン

古生代ペルム紀の地層からみつかる化石の一つに、「ヘリコプリオン（*Helicoprion*）」があります。その化石は、「歯の化石」です。

ただし、〝シンプルな歯の化石〟ではありません。たくさんの歯が集まってみつかるのです。そして、その集まり方も、尋常ではありません。

個々の歯の形は、先端が鋭く尖り、やや細長い木の葉状です。そして、その歯がぐるぐると螺旋（らせん）を描いて集まって……否、配置されています。内側の歯ほど小さいサイズ、外側の歯ほど大きなサイズです。

螺旋の最大直径は20センチメートルを超え、その場合、螺旋を構成している歯の数は100個以上。この時、螺旋は4周にもなりました。

この「螺旋の歯」の化石は、アメリカで多く発見されています。日本でも群馬県などから報告があります。

なんとも不思議な歯です。

どうやらサメの仲間である「軟骨魚類」の歯らしい、ということは、その形状からわかっていましたが、その先へ科学的な推理を展開する手がかりがありませんでした。

そのため、学界でも、1世紀以上も議論の的でした。「歯」である、という見方が主流でしたが、実は背鰭の一部、あるいは、尾びれの一部という考えもありましたし、歯であるとしても、上顎につくのか、下顎につくのか、顎の先端につくのか、奥につくのかなど、喧々諤々（けんけんがくがく）でした。

とても印象的な化石なので、博物館などで見ると記憶に残るはずです。

## ヘリコプリオンの歯化石

持ち主の姿と分類は…？

しかし、議論百出状態のためか、長い間、「知る人ぞ知る」という状態に留まっていました。1976年に刊行された『小学館の学習図鑑　大むかしの生物』、1992年に刊行されたフレーベル館の『きょうりゅうとおおむかしのいきもの』には収録されておらず、2004年に刊行された『小学館の図鑑NEO　大むかしの生物』でも、化石のイラストが掲載されているだけで、その復元画は描かれていません。

## ギンザメの仲間？

そんなヘリコプリオンの正体に迫る論文が発表されたのは、2013年のことです。アイダホ州立大学（アメリカ）のレイフ・タパニラさんたちが、アメリカで発見された良質なヘリコプリオンの化石を詳しく調べたところ、それまで歯しかないと思われていた標本の母岩（化石のまわりの岩）に、上顎と下顎の痕跡が残っていたのです。

この痕跡とあわせて分析した結果、螺旋の歯は、下顎の中軸線に配置されていたことがわかりました。つまり、口先から喉の奥までの中央線に一直線に並んでいたのです。生きていた時のヘリコプリオンの口先には低い歯が手前を向いていて、奥に進むほど、その歯は角度を上げながら高くなっていくように見えたはずです。そして、口先からは見えない口の奥では、歯は奥の方向に倒れながら、次第に低くなっていく。螺旋の大部分は下顎の中にあり、上顎には何もないこともわかりました。

そして、タパニラさんたちは、この論文で分類についても言及しています。

もともと、歯以外の化石が発見されないことからも、ヘリコプリオンは「軟骨魚類」とみられていました。軟骨魚類の骨は文字通り軟らかいため、なかなか化石に残りません。

タパニラさんたちの研究では、軟骨魚類は軟骨魚類でも、よく知られる「サメの仲間（板鰓類）」ではなく、「ギンザメの仲間（全頭類）」である可能性が高いことが示されたのです。

歯の配置と分類がわかれば、推測であっても、全身の復元画を描くことができます。そのため、近年の図鑑などでは、ヘリコプリオンの復元画は当たり前のように見ることができるようになりました。

## 螺旋の歯の使い道

それにしても、珍妙な歯で、珍妙な配置です。

こんな歯と配置で、ヘリコプリオンはいったい何を食べていたのでしょう?

タパニラさんたちは、2020年にヘリコプリオンの歯の角度や顎の動きを調べた論文を発表しています。

この論文によると、ヘリコプリオンの独特の口は、殻をもつ頭足類を食べることに適していたそうです。

頭足類とは、タコやイカ、オウムガイのグループのことです。化石種では、アンモナイト類もこのグループに含まれます。ヘリコプリオンの生きていた時代には、アンモナイト類そのものはまだ出現していませんが、アンモナイト類の祖先や近縁種を含む「アンモノイド類」が大繁栄していました。

アンモノイド類の多くは、アンモナイト類やオウムガイ類のように、螺旋に巻いた殻をもっています。

タパニラさんたちの研究によると、ヘリコプリオンがこの殻口に噛（か）みつくと、殻口からアンモノイド類の軟体部を〝ずるり〟と引き出すことができたとか。硬い殻を食べずに、軟らかい軟体部だけを食べる。そんな食事に、螺旋の歯が役立っていたとのことです。

Chapter 3

Before

# 新生代のビフォーアフター

私たち人類の仲間、
哺乳類のビフォーアフターは必見!!
サメもドラゴンもお見逃しなく!!

After

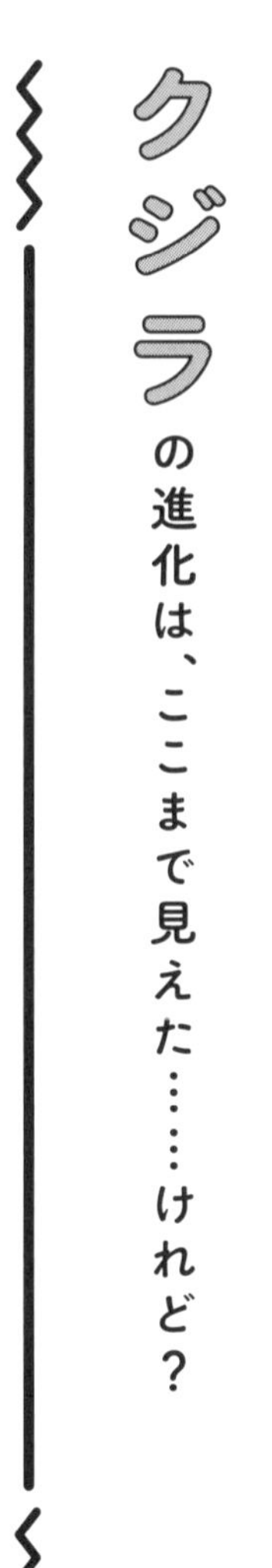

# クジラの進化は、ここまで見えた……けれど？

海を生きる哺乳類、クジラ。その祖先は、かつて陸上を歩く哺乳類だったとみられています。

クジラの進化に関する研究も、この20年で急速に進展しました。かつて、1976年に刊行された『小学館の学習図鑑　大むかしの生物』には、次のような文章がありました。

「クジラのなかまは、水生生活に完全に適応した哺乳類です。外形はすっかり魚型に変わり、手足は退化して前足がひれの役に、うしろ足は骨にあとが残っているだけです（痕跡器官）。しかし、かつては陸上で生活し、えさをもとめて川にはいり、海にくだったものと考えられています。ただ陸にいたときの年代や、どんな動物から変わったのかは、はっきりしていません」

この記述が、1992年に刊行されたフレーベル館の『きょうりゅうとおおむかしのいきもの』になると、次のように変わります。

「クジラのせんぞについては、あまりよくわかっていません。今から約5000万年前にあらわれた、肉食動物のアンドリューサークスのなかまではないか、といわれています。やがて、カワウソににたパキケトゥスがあらわれ、水の中で生活するようになったのです」

年代が示され、二つの古生物の名前が出てきました。

一つは、「アンドリューサークス」。今日では、主に「アンドリュウサルクス」と表記されることが多くなっている動物です。学名は、「*Andrewsarchus*」と書きます。

アンドリューサルクスは、頭胴長3・5メートルとされる、史上最大級の陸上肉食哺乳類です。吻部（ふんぶ）が長いという特徴があります。当時、アンドリュウサルクスの属する「メソニクス類」が、クジラ類の祖先と考えられていました。

**アンドリュウサルクス**

かねてより知られていた“クジラ類の祖先”。

もう一つの「パキケトゥス」は、「Pakicetus」と書きます。

パキケトゥスは、今日でも「最初期のクジラ類」として知られています。1981年に報告され、その後、1983年にはパキケトゥスの復元画が学術誌『Science』の表紙を飾りました。それは、『きょうりゅうとおおむかしのいきもの』で言及されているように、カワウソのような姿で水中を泳ぎ、手足はひれではないものの、それに近い姿でした。

2004年に刊行された『小学館の図鑑NEO 大むかしの生物』になると、パキケトゥスの姿が変わります。四肢をもつ化石が

パキケトゥス

カワウソのように泳ぐ。

発見されたことにより、地上を歩き回ることができたとされるようになりました。その姿は、カワウソというよりは、どちらかといえば、オオカミのようです。

また、『小学館の図鑑NEO　大むかしの生物』には、新たに「アンブロケトゥス（*Ambulocetus*）」が加わっています。手足には水かきがあり、地上を歩くことも、水中を泳ぐこともできる、パキケトゥスよりは進化的なクジラ類として描かれています。

このように、図鑑が刊行されるたびに、新たな情報が加わるクジラ類の進化。現在では、どのように情報が更新されているのでしょうか？

オオカミのような姿に。

## クジラは、カバに近縁か

ここから先は、2021年に上梓した拙著『地球生命　水際の興亡史』から話を進めていきましょう。

かつて、メソニクス類に近縁とされていたクジラ類ですが、現在ではカバ類により近縁で、カバ類とクジラ類には共通の祖先がいたと考えられるようになっています。

この共通祖先に近いとされるのは、「インドヒウス（Indohyus）」と名付けられた頭胴長40センチメートルほどの哺乳類です。一見すると、カバ類ともクジラ類とも似ておらず、どちらかといえば、マメジカに似ているといえるかもしれません。ポイントとして、その耳が、空気中の音よりも、水中の音を聴くことに向いていたことが挙げられます。これは、パ

アンブロケトゥス

歩きも泳ぎもOK!?

キケトゥスや、その後のクジラ類にも共通する特徴です。つまりインドヒウスは、少なくともその生活の一部を水中で過ごしたことが示唆されているのです。

もっとも、インドヒウスは、「共通祖先に近い」のであって、クジラ類の祖先そのものではありません。現在でも、クジラ類の祖先といえば、やはりパキケトゥス。水陸両棲で、現在のワニのような暮らしをしていたのではないか、と考えられています。

## ミッシングリンクは埋まりかけているけれども……

2004年の『小学館の図鑑NEO　大むかしの生物』以降、クジラ類の進化の系譜に名を連ねるようになったアンブロケトゥスは、1994年に報告されたクジラ類です。全長約3・5メートル。パキケトゥスよりも100万年ほどのちの時代に現れました。

アンブロケトゥスはしっかりとした四肢をもっていますが、その手足に水かきがあった可能性が指摘されています。そのため、アンブロケトゥスは半陸半水棲だったと考えられています。

化石が発見された場所の近くからは、陸上動物の化石も、海棲動物の化石も発見されています。

こうした証拠は、アンブロケトゥスが海水と淡水の交わるような河口域や沿岸地域で暮らしていたことを物語っています。クジラ類の進化は、陸から川へ、川から海へと進んだようです。もっとも、こうした分析に対する異論も発表されており、アンブロケトゥスが実は完全な水棲種だったのではないか、とも指摘されています。

クジラ類の初期進化に関する知見は、インドヒウスやパキケトゥス、アンブロケトゥスといった化石の発見と研究で大きく進んだのです。

しかし実は、この初期進化に関する研究は、2000年代以降、ほぼ停滞しています。

それは、化石の発見場所が関係しています。こうした最初期のクジラ類の化石は、インドとパキスタンの国境近くでみ

インドヒウス

生活の一部を水中で過ごした。

つかりました。そのため、クジラ類が水棲適応し、海へと進出したのは、こうした地域だったとの見方が有力です。

しかし、2000年代以降、この地域は紛争が勃発し、急速に治安が悪化して、古生物学者が安心して調査をすることができなくなってしまいました。新しい化石を探すことも、地層を分析することも難しいのが現状です。

一方で、アンブロケトゥス以降のクジラ類に関しては、世界各地に拡散したのちの化石がみつかるようになってきました。

例えばエジプトでは、より進化的でイルカに似た姿の「ドルドン（*Dorudon*）」の化石がかねてより知られていました。これに加えて、近年では、アメリカやペルーからも、こうした化石がみつかっています。

クジラ類の進化を調べる学問自体が止まったわけではなく、各地で進みながらも治安の回復を待っているのです。古生物学の進展には、平和な世界が欠かせないことがよくわかる例といえるでしょう。

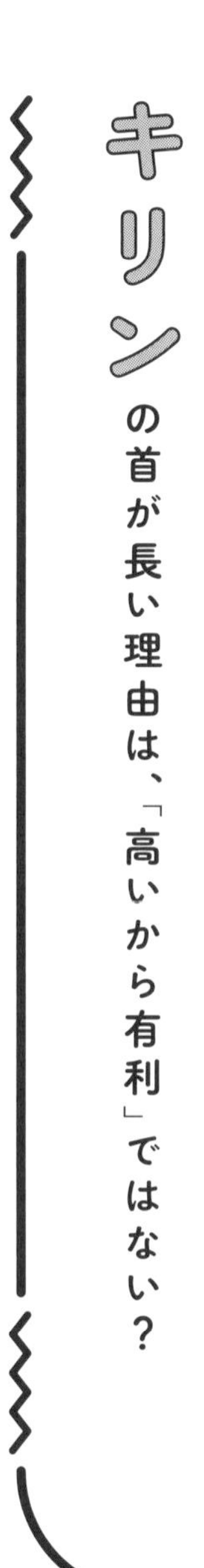

# キリンの首が長い理由は、「高いから有利」ではない？

キリン（*Giraffa camelopardalis*）。

首の長い動物の代名詞といえます。キリンの首は、なぜ長いのでしょうか？

「高い位置にある樹木の葉をとるために、頑張って首を伸ばした」という答えは、誤りです。キリンの長い首は、進化の結果として獲得されたものです。「頑張る」という1個体の努力の結果ではなく、世代を重ねて受け継がれてきた〝変化〟の結果としての長い首です。

では、なぜ、「長い首」という変化が受け継がれることになったのでしょう？

キリンの長い首を説明する仮説として最も有名な説は、「長い首が有利だから」というものです。

化石の記録をみると、キリン類の首はいっきに長くなったのではなく、段階を踏んで長くなってきたことがわかっています。

まず、突然変異で長い首をもつ祖先が登場した。その祖先は、首の短い仲間より高いところの葉を食べることができる。そのため、生きることが有利だった。そのため、「長い首」という特徴をもつ祖先が多くの子どもを残し、その子どもたちにも「長い首」が受け継がれていく。その結果として、次第に「長い首」だらけとなっていった。

この仮説は有名で、進化の概念を説明する時にも用いられることがよくあります。ここまでが、〝ビフォーの話〟です。

頑張っても首は
長くならない。

## 闘うための長い首？

２０２２年、中国科学院のシーチー・ワンさんたちは、「長い首は、雌をめぐる闘いに有利だった」という趣旨の論文を発表しました。

もともとキリンは、雌をめぐる争いをする時に、雄が互いの首をしならせ、勢いをつけて衝突させることが知られています。

ワンさんたちは、中国に分布する約１６９０万年前（新生代新第三紀中新世）の地層から化石が発見されたキリン類、「ディスコケリックス・シエジ（*Discokeryx xiezhi*）」の頭骨がヘルメットのように厚く、首の骨が丈夫であることを見出しました。ちなみに、ディスコケリックスの首は、現生のキリンほどには長くありません。

ワンさんたちは、頭骨と首の骨の特徴から、ディスコケリックスはすでに頭突きや首をぶつけあう闘いをしていたと指摘しています。そして、その闘いに有利なより長い首をもつものが子孫を残すことになった可能性を示唆しました。

定説ともいえる「長い首の進化」について、改めて考える時期にきているのかもしれません。これが〝アフターの話〟といえるでしょう。

## 8番目の首の骨

キリンの首といえば、2016年に東京大学総合研究博物館の郡司芽久さん（現在は東洋大学所属）と遠藤秀紀さんが発表した研究も、新たな〝アフターの話〟かもしれません。

通常、哺乳類の首には、7個の骨があります。私たちも7個、キリンも7個です。キリンの祖先も7個。キリンの首が長い理由は、首の骨の数が多いわけではなく、個々の骨が長いためです。

**ディスコケリックス**

頭骨が厚く、首の骨が丈夫。

郡司さんと遠藤さんは、キリンには、「第8の首の骨」というべき骨があることを発見しました。第8の首の骨。それは、「胸の一番上の骨（第一胸椎）」です。

私たちを含め、ほとんどの動物では胸椎を動かすことはできません。しかし、郡司さんと遠藤さんは、キリンが首を動かす時、第一胸椎も動くことを明らかにしたのです。

実は、キリンは四肢も長く、単純に首の骨を動かすだけでは、地面に口先が届きません。首が長いだけでは地面の水を飲むことが難しいのです。

そこで、第一胸椎です。この骨も動くことで、キリンは「高いところに届く」と「地面の水にも届く」という両方の機能を備えた長くて柔軟な首となったようです。

この「動く第一胸椎」もまた、進化によってキリンが獲得したものだったようです。

私たちの〝よく知る動物〟についても、〝アフター〟が更新されている例といえるでしょう。

なお、郡司さんと遠藤さんの研究成果については、郡司さんの著書『キリン解剖記』（ナツメ社）に詳しく書かれています。おすすめです。

# 見えてきた、パンダの歴史

キリンの次は、同じ〝人気者〟の「ジャイアントパンダ（*Ailuropoda melanoleuca*）」に注目したいと思います。

ジャイアントパンダは、謎の多い哺乳類です。最大の謎は、「なぜ、竹を食べるのか」というもの。竹はけっして栄養価の高い植物ではありません。食べやすい植物でもありません。しかし、ジャイアントパンダは、そんな竹を好んで食べます。ジャイアントパンダはクマの仲間に分類されますが、ジャイアントパンダ以外に竹を食べるクマはいません。

その竹食を支えているのは、〝第6の指〟です。

ジャイアントパンダの手には、私たちヒトと同じように5本の指があります。それに加えて、手首の骨の一つが大きく長くなっていて、6本目の指として機能します。5本の指と、それに向かい合うような〝6本目の指〟をあわせて使うことで、竹をしっかりと握り締め、食事をすることができるのです。

この特異な指は、いつ、なぜ、発達したのでしょう？

近年の研究は、そんな〝ビフォーの謎〟にも迫り始めています。

## 体重を支える？

2022年、ロサンゼルス郡立自然史博物館（アメリカ）のシャオミン・ワンさんたちは、中国雲南省に分布する約700万年前〜約600万年前の新生代新第三紀中新世の地層から、ジャ

パンダの手には
“不思議な指”がある。

イアントパンダの祖先とされる「アイルラルクトス・ルーフェンゲンシス（*Ailurarctos lufengensis*）」のものである可能性が高い化石を報告しました。アイルラルクトス・ルーフェンゲンシスという種自体は、それまでにも知られていましたが、ワンさんたちが報告した化石は、それまでのアイルラルクトス・ルーフェンゲンシスの化石よりも古い、「最古のアイルラルクトス・ルーフェンゲンシス」の化石です。

この化石は、歯などの一部だけですが、その中に〝第6の指〟の骨が残っていました。現在のジャイアントパンダのそれと比較すると、やや長く、まっすぐという特徴があります。

ワンさんたちは、〝第6の指〟が存在することから、約700万年前〜約600万年前には、ジャイアントパンダの祖先はすでに竹食を始めていたのではないか、と指摘しています。

ワンさんたちによると、アイルラルクトス・ルーフェンゲンシスの〝第6の指〟は、歩行時に体重を支えることにも役立っていた可能性があるとのことです。ジャイアントパンダの祖先は、〝第6の指〟を食事と歩行の両方に使っていたのかもしれません。

## 〝故郷〟は、ヨーロッパ？

ジャイアントパンダは、現在でこそ中国を代表する哺乳類ですが、そのグループの最古の種は、スペインにいたようです。

2012年に、スペインの国立自然科学博物館のファン・アベヤさんたちは、イベリア半島北東部にある約1200万年前〜約1100万年前の中新世の地層からジャイアントパンダの仲間の化石を報告して、「クレトゾイアルクトス・ベアトリクス（*Kretzoiarctos beatrix*）」という学名を与えています。この化石が、ジャイアントパンダ類の最古のものと考えられています。

### 第6の指が残っていた！

アイルラルクトス・ルーフェンゲンシスの化石に確認。

クレトゾイアルクトス・ベアトリクスの化石は顎と歯の部分だけですが、その特徴はこれまでに発見されているジャイアントパンダの仲間の化石種とよく似ていたそうです。一方で、歯が小さいなどの独特の特徴もあります。

2022年には、北京大学（中国）のチガオ・ジャンズオさんと、ブルガリア科学アカデミーのニコライ・スパソフさんが、ブルガリアの約600万年前の地層からジャイアントパンダの仲間の化石を報告し、「アグリアルクトス・ニコロヴィ（*Agriarctos nikolovi*）」と名付けました。

こうした発見で、少なくとも約600万年前まで、ヨーロッパにはジャイアントパンダの仲間がいたことと、ジャイアントパンダの仲間はもともとヨーロッパが起源で、その後、ヨーロッパでは絶滅したものの、アジアへ旅してきた種が生き残って現在に至る可能性があることがみえてきました。

謎の多いジャイアントパンダ。今、その謎が解かれようとしています。

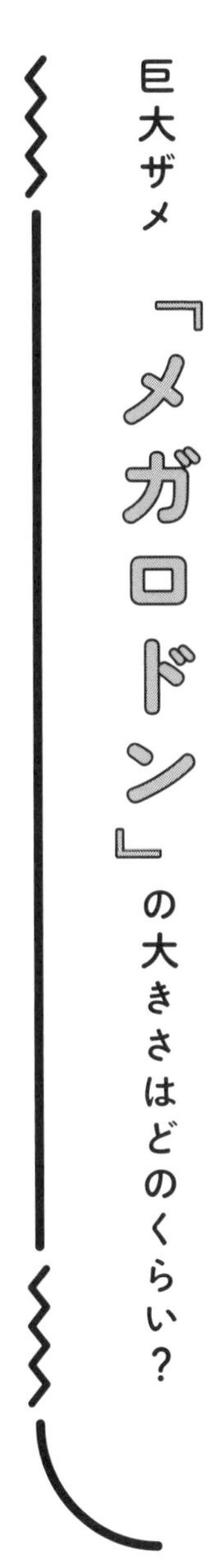

# 巨大ザメ『メガロドン』の大きさはどのくらい？

世界各地から化石がみつかるサメの仲間の一つに「メガロドン」がいます。日本でも、群馬県や埼玉県などで多くの化石が発見されています。

メガロドンは、約1590万年前の新生代新第三紀中新世の半ばに登場し、約260万年前の新第三紀鮮新世末に滅んだと考えられています。その化石のほとんどは、「歯」の化石です。大きさが10センチメートルを軽く超え、厚みもあるがっしりとした歯の化石が大量にみつかっています。あまりにもたくさんみつかるので、研究者や博物館だけではなく、個人で収集している人もたくさんいます。

メガロドンの化石は、例えば、日本では江戸時代にはすでに知られていました。もっとも、当時はこれをサメの仲間の歯とは考えず、天狗の爪と考えていたようです（このあたりは、拙著『怪異古生物考』で詳しく紹介していますので、興味がある方は、ぜひ同書をご覧ください)。

それほど昔から知られており、もちろん、近代以降はサメの仲間の歯であることがわかっているのに、実は大きな謎がありました。

それは、「いったい、どのくらいの大きさなのか?」ということです。

## 16メートル前後?

江戸時代にはすでに知られていたメガロドンですが、実は、日本の一般向け図鑑にはあまり登場していません。

本書でこれまで紹介してきた1976年刊行の『小学館の学習図鑑　大むかしの生物』や1992年刊行の『き

ょうりゅうとおおむかしのいきもの』には、記載がありません。

２００４年に刊行された『小学館の図鑑ＮＥＯ　大むかしの生物』になって、ようやく「最も有名なサメ化石です」という一文とともに登場します。この図鑑で採用されている全長値は、16メートルでした。

一方、一般書とはいえないかもしれませんが、２０１０年に刊行された『古生物学事典　第2版』（朝倉書店）では、11〜20メートルという幅のある値が採用されています。

長い間、メガロドンの大きさについては、「大きいことは大きいだろうけれど、いったい、どのくらいの大きさなのか」がわかっていませんでした。

しかし近年になって、さまざまな方法でメガロドンの全長値が推測されるようになってきました。

例えば、デポール大学（アメリカ）の島田賢舟さんは、歯化石を詳しく研究することで、平均的なメガロドンの大きさは、全長14・2〜15・3メートルほどと２０１９年に見積もりました。15メートルを超えるような個体は極めてまれだったのではないかとも指摘しています。

島田さんは、その後も計算を続け、２０２０年には他の研究者たちとともに、成体のサイズは最低でも14メートル以上はあり、この成長には子宮内共食いが関係していた可能性を指摘しています。

その他、2020年にブリストル大学（イギリス）のジャック・クーパーさんたちは、現生種を参考にして、16メートルという値を計算。2022年には、クーパーさんたちは、メガロドンの3Dモデルをつくって15・9メートルという値を発表しました。

こうやってみていくと、メガロドンの全長値は、14〜16メートルに〝集約〟しそうです。

## 名前は「オトダス」に？

さて、さきほどから「メガロドン」と書いてきましたが、実はこれは正式な種名ではありません。

種名は、原則的に「属名」と「種小名」という二つの単語で構成されます。「メガロドン」は種小名で、属名ではありません。実はメガロドンは、これほど有名であるにもかかわらず、属名が定まっていないのです。日本人の姓名の書き方で例えるなら、「太郎」という「名」はわかるのに、その「姓」が不明ということになります。「山田」なのか「佐藤」なのか「鈴木」なのか、わかりません。

２００４年に刊行された『小学館の図鑑ＮＥＯ　大むかしの生物』では、「カルカロドン・メガロドン（*Carcharodon megalodon*）」と記載され「カルカロドン」という属名が採用されています。「カルカロドン」という属名は、「ホホジロザメ」こと「カルカロドン・カルカリアス（*Carcharodon carcharias*）」と同じです。つまり、カルカロドン・メガロドンという名前は、ホホジロザメと極めて近縁であることを示唆しています。

２０１０年の『古生物学事典　第2版』でも、「カルカロドン・メガロドン」を採用しつつ、絶滅属である「カルカロクレス（*Carcharocles*）」に属する可能性が指摘されていました。これは、ホホジロザメとは「極めて近縁」とはいえなくなったことを示唆しています。

一方、近年では、島田さんも、クーパーさんも、「オトダス（*Otodus*）」という絶滅属に分類して、「オトダス・メガロドン（*Otodus megalodon*）」としています。カルカロクレスとオトダスは同じネズミザメ類に含まれていて、互いに近縁ですが、オトダスの方がより原始的です。

このまま、「オトダス・メガロドン」に定着するのか、注意してみていく必要があるでしょう。

## ホホジロザメとの競争に負けた？

いずれにしろ、メガロドンは巨大ザメで恐ろしいサメであることに変わりはなさそうです。そんなサメがなぜ、滅んでしまったのでしょうか？　その理由も、長い間、謎でした。

2016年、チャールストン大学（アメリカ）のロバート・W・ボーセネッカーさんたちは、メガロドンの化石がいったいいつの時代の地層からみつかるのかを調べ直しました。その結果、約351万年前以降にできた地層からはメガロドンの化石が見当たらなくなることを明らかにしました。従来の考えよりも100万年近く前にメガロドンは姿を消したことになります。

ボーセネッカーさんたちによると、この時期はホホジロザメが台頭してきたタイミングと一致するそうです。

ホホジロザメの台頭との関係は、2022年にヨハン・ヴォルフガング・ゲーテ大学フランクフルト・アム・マイン（ドイツ）のジェレミー・マコーマックさんたちも、指摘しています。マコーマックさんたちは、歯の化石中の〝化学成分〟（正確には「同位体」）を調べ、ホホジロザメとメガロドンの必要とする栄養が同レベルであることを明らかにしました。

同じような獲物を食べる、より小型（といっても、ホホジロザメも現代では大きなサメですが）のライバルとの競争に負けて、メガロドンは姿を消してしまったのかもしれません。

メガロドンに関わる〝アフター〟は、近年急速に情報が増えてきています。

# 〝龍〟の正体

最後に〝龍にまつわる話のビフォー・アフター〟を紹介しておきましょう。

アジアにおける「龍」は、もともとは中国の伝承に由来するものです。ただし、「その伝承のもとになった古生物がいるのではないか」という指摘があり、「その古生物は、日本の『マチカネワニ（*Toyotamaphimeia machikanensis*）』である」との説があります。

この仮説は、ワニ研究者の青木良輔さんが、2001年に刊行した著書『ワニと龍』(平凡社) で言及したものです。

マチカネワニとは、大阪にある約40万年前の地層から化石が発見された吻部の細長いワニです。全長が8メートルに達するという超大型級。現生のワニ類で「超大型種」とされるイリエワニの全長が7メートルですから、それを上回る巨大種です。

青木さんによると、マチカネワニ（あるいはその近縁種）は中国の北宋の時代（10世紀〜12世紀）まで生きていて、当時の人々が、マチカネワニを参考に「龍」を創造したのではないか、とのことでした。この仮説は〝確たる証拠〟に支えられたわけではありませんが、日本の古生物学者たちは、マチカネワニにまつわる逸話の一つとして、よく引用してきました。

## 実際に、中国に大型ワニがいた

あくまでも「逸話の一つ」だった「マチカネワニ＝龍のモデル」という仮説。

しかし2022年になって、面白い研究が発表されました。名古屋大学博物館の飯島正也さんたちが、中国の商や周といった古代王朝の時代（約3300年前〜約2200年前）のワニの骨を調べたところ、それがマチカネワニの近縁種であることが明らかになったのです。「ハンユスクス・シネンシス（*Hanyusuchus sinensis*）」と名付けられたそのワニの全長は、6・2メートルに達するそうです。マチカネワニやイリエワニほどではありませんが、十分、大型のワニです。

そして、歴史書を調べた結果、その後、中国でこのワニが人類によって駆逐されていった可能性が高いこともわかりました。「駆逐した」ということは、かつての中国の人々は、大型のワニがいる環境で暮らしていたともいえます。その暮らしの中で、とくに大型の個体を参考に、龍が創造されていったとしても、不思議ではないかもしれません。マチカネワニそのものではなくても、マチカネワニの近縁種が龍のモデルになったのかもしれません。

創造した人物の記録が残っているわけではないので、あくまでも想像の域を出ませんが、「マチカネワニ＝龍のモデル」という説は、少しだけ説得力を増してきたといえそうです。古生物学の〝アフター〟は、改めて伝承の正体にせまることになるかもしれません。

マチカネワニ(の仲間)から、
龍がイメージされた？

# おわりに

23の〝ビフォーアフター物語〟、お楽しみいただけましたでしょうか？

「はじめに」にも書いたように、古生物を対象とした「古生物学」は、科学の一分野。他の科学分野と同じように、日進月歩の勢いでアップデートされています。

ぜひ、この先も、さまざまな〝アフター〟に注目してください。

ここで紹介した〝ビフォー〟が、〝ビフォーのすべて〟ではありません。みなさんが図鑑で、映像で、インターネットで、博物館で、さまざまな場所で眼にする古生物たちの姿が、どのような変遷を経て、現在の姿に至ったのか。知的好奇心の先を少し向けていただければ、そこには思わぬ物語があるかもしれません。その時は、本書に限らず、さまざまな本のページを開いてみてください。

古生物学の研究者たちが、果敢に挑んできた発見が、あなたを待っています。

この本を制作するにあたり、前巻と同じく、群馬県立自然史博物館の皆さまにご監修いただきました。掲載トピックの相談からイラストや原稿の確認まで、お忙しい中に細部にわたってご指導いただきました。本当にありがとうございます。全編にわたる愛らしいイラストは、ツク之助さんの作品です。編集は、イースト・プレスの黒田千穂さんと中野亮太さん。このシリーズは、黒田さんの企画提案を起点として進みました（黒田さんは本書を最後に同社を去られました。おつかれさまでした）。そして、妻（土屋香）には、初稿段階でさまざまな助言をもらいました。今回も、多くの人々の力があわさって、お届けできる段となりました。

そして、ここまで読んでいただいたあなたに、特大の感謝を。

ありがとうございます。

コロナ禍はようやく一段落ついた感はありますが、ロシアによるウクライナ侵攻など世情にはいまだに不安が転がっています。そんな世界で、本書を読んで、みなさんが少しでも、〝ワクワク〟を感じていただいたのであれば、嬉しいです。

筆者

トピックで扱っている場合は太字。
トピックに頻出する場合は、初出のページを記した。

もっと詳しく知りたい読者のための

# 参考資料

本書を執筆するにあたり、とくに参考にした主要な文献は次の通り。なお、邦訳があるものに関しては、一般に入手しやすい邦訳版をあげた。また、webサイトに関しては、専門の研究機関もしくは研究者、それに類する組織・個人が運営しているものを参考とした。Webサイトの情報は、あくまでも執筆時点での参考情報であることに注意。

※本書に登場する年代値は，とくに断りのないかぎり、International Commission on Stratigraphy, 2022/10, INTERNATIONAL STRATIGRAPHIC CHARTを使用している。
※なお、本文中で紹介されている論文等の執筆者の所属は、とくに言及がない限り、その論文の発表時点のものであり、必ずしも現在の所属ではない点に注意されたい。

## 序章

**《一般書籍》**
『古生物学事典 第2版』編集: 日本古生物学会、2010年刊行、朝倉書店
『地上から消えた動物』著: ロバート・シルヴァーバーグ、1983年刊行、早川書房

## 第1章

**《一般書籍》**
『怪異古生物考』監修: 荻野慎諧、著: 土屋 健、絵: 久 正人、2018年刊行、技術評論社
『恋する化石』監修: 千葉謙太郎、田中康平、前田晴良、冨田武照、木村由莉、神谷隆宏、著: 土屋 健、絵: ツク之助、2021年刊行、ブックマン社
『生命の大進化40億年史 中生代編』監修: 群馬県立自然史博物館、著: 土屋 健、2023年刊行、講談社
『The PRINCETON FIELD GUIDE to DINOSAURS 2ND EDITION』著: GREGORY S. PAUL, 2016年刊行、PRINCETON

**《プレスリリース》**
巨大翼竜はほとんど飛ばなかった、名古屋大学、2022年5月12日
淡路島の恐竜化石を新属新種「ヤマトサウルス・イザナギイ」と命名、北海道大学、2021年4月27日

**《学術論文など》**
Caleb M. Brown, David R. Greenwood, Jessica E. Kalyniuk, Dennis R. Braman, Donald M. Henderson, Cathy L. Greenwood, James F. Basinger, 2020 Dietary palaeoecology of an Early Cretaceous armoured dinosaur (Ornithischia; Nodosauridae) based on floral analysis of stomach contents, R. Soc. Open Sci., 7: 200305. http://dx.doi.org/10.1098/rsos.200305

Caleb M. Brown, Donald M. Henderson, Jakob Vinther, Ian Fletcher, Ainara Sistiaga, Jorsua Herrera, Roger E. Summons, 2017, An Exceptionally Preserved Three-Dimensional Armored Dinosaur Reveals Insights into Coloration and Cretaceous Predator-Prey Dynamics, Current Biology, vol.27, p1–8

Caleb M. Brown, Philip J. Currie, François Therrien, 2021, Intraspecific facial bite marks in tyrannosaurids provide insight into sexual maturity and evolution of bird-like intersexual display, Paleobiology, p1–32, DOI: 10.1017/pab.2021.29

David W. E. Hone, Thomas R. Holtz, Jr., 2021, Evaluating the ecology of *Spinosaurus*: Shoreline generalist or aquatic pursuit specialist?, Palaeontologia Electronica, 24(1) :a03. https://doi.org/10.26879/1110

Donald M. Henderson, 2018, A buoyancy, balance and stability challenge to the hypothesis of a semi-aquatic *Spinosaurus* Stromer, 1915 (Dinosauria: Theropoda) . PeerJ 6:e5409; DOI 10.7717/peerj.5409

Gregory S. Paul, 2022, Observations on Paleospecies Determination, With Additional Data on *Tyrannosaurus* Including Its Highly Divergent Species Specific Supraorbital Display Ornaments That Give T. rex a New and Unique Life Appearance, bioRxiv 2022.08.02.502517; doi: https://doi.org/10.1101/2022.08.02.502517

Jessica E. Kalyniuk, Christopher K. West, David R. Greenwood, James F. Basinger, Caleb M. Brown, 2023, The Albian vegetation of central Alberta as a food source for the nodosaurid *Borealopelta markmitchelli*, Palaeogeography, Palaeoclimatology, Palaeoecology, 611, 111356

W. Scott Persons IV, Jay Van Raalte, 2022, The Tyrant Lizard King, Queen and Emperor: Multiple Lines of Morphological and Stratigraphic Evidence Support Subtle Evolution and Probable Speciation Within the North American Genus *Tyrannosaurus*, Evolutionary Biology, https://doi.org/10.1007/s11692-022-09561-5

Lucas N. Weaver, William J. Freimuth, David J. Varricchio, Meng Chen, Eric J. Sargis, and Gregory P. Wilson Mantilla, 2020, Early mammalian social behaviour revealed by multituberculates from a dinosaur nesting site, Nature Ecology & Evolution, vol.5, p32–37

Mark A. Norell, Jasmina Wiemann, Matteo Fabbri, Congyu Yu, Claudia A. Marsicano, Anita Moore-Nall, David J. Varricchio, Diego Pol, Darla K. Zelenitsky, 2020, The first dinosaur egg was soft, Nature, vol.583, p406-410

Nizar Ibrahim, Paul C. Sereno, Cristiano Dal Sasso, Simone Maganuco, Matteo Fabbri, David M. Martill, Samir Zouhri, Nathan Myhrvold, Dawid A. Iurino, 2014, Semiaquatic adaptations in a giant predatory dinosaur, Science, vol.345, p1613-1616

Nizar Ibrahim, Simone Maganuco, Cristiano Dal Sasso, Matteo Fabbri, Marco Auditore, Gabriele Bindellini, David M. Martill, Samir Zouhri, Diego A. Mattarelli, David M. Unwin, Jasmina Wiemann, Davide Bonadonna, Ayoub Amane, Juliana Jakubczak, Ulrich Joger, George V. Lauder, Stephanie E. Pierce, 2020, Tail-propelled aquatic locomotion in a theropod dinosaur, Nature, vol.581, p67-70

Paul C, Sereno, Nathan Myhrvold, Donald M. Henderson, Frank E. Fish, Daniel Vidal, Stephanie L. Baumgart, Tyler M. Keillor, Kiersten K. Formoso, Lauren L. Conroy, 2022, *Spinosaurus* is not an aquatic dinosaur, eLife, 11:e80092

Seper Ekhtiari, Kentaro Chiba, Snezana Popovic, Rhianne Crowther, Gregory Wohl, Andy Kin On Wong, Darren H Tanke, Danielle M Dufault, Olivia D Geen, Naveen Parasu, Mark A Crowther, David C Evans, 2020, First case of osteosarcoma in a dinosaur: a multimodal diagnosis, THE LANCET, vol..21, p1021-1022

Takuya Imai, Yoichi Azuma, Soichiro Kawabe, Masateru Shibata, Kazunori Miyata, Min Wang, Zhonghe Zhou, 2019, An unusual bird (Theropoda, Avialae) from the Early Cretaceous of Japan suggests complex evolutionary history of basal birds, COMMUNICATIONS BIOLOGY, 2:399, https://doi.org/10.1038/s42003-019-0639-4

Thomas Beevor, Aaron Quigley, Roy E. Smith, Robert S.H. Smyth, Nizar Ibrahim, Samir Zouhri, David M. Martill, 2021, Taphonomic evidence supports an aquatic lifestyle for *Spinosaurus*, Cretaceous Research, 117, 104627

Thomas D. Carr, James G. Napoli, Stephen L. Brusatte, Thomas R. Holtz Jr., David W. E. Hone, Thomas E. Williamson, Lindsay E. Zanno, 2022, Insufficient Evidence for Multiple Species of *Tyrannosaurus* in the Latest Cretaceous of North America: A Comment on "The Tyrant Lizard King, Queen and Emperor: Multiple Lines of Morphological and Stratigraphic Evidence Support Subtle Evolution and Probable Speciation Within the North American Genus *Tyrannosaurus*", Evolutionary Biology https://doi.org/10.1007/s11692-022-09573-1

Yoshitsugu Kobayashi, Ryuji Takasaki, Anthony R. Fiorillo, Tsogtbaatar Chinzorig, Yoshinori Hikida, 2022, New therizinosaurid dinosaur from the marine Osoushinai Formation (Upper Cretaceous, Japan) provides insight for function and evolution of therizinosaur claws, Scientific Reports, 12:7207, https://doi.org/10.1038/

Yoshitsugu Kobayashi, Ryuji Takasaki, Katsuhiro Kubota, Anthony R. Fiorillo, 2021, A new basal hadrosaurid (Dinosauria: Ornithischia) from the latest Cretaceous Kita-ama Formation in Japan implies the origin of hadrosaurids, Scientific Reports, 11:8547, https://doi.org/10.1038/s41598-021-87719-5

Yoshitsugu Kobayashi, Tomohiro Nishimura, Ryuji Takasaki, Kentaro Chiba, Anthony R. Fiorillo, Kohei Tanaka, Tsogtbaatar Chinzorig, Tamaki Sato, Kazuhiko Sakurai, 2019, A New Hadrosaurine (Dinosauria:Hadrosauridae) from the Marine Deposits of the Late Cretaceous Hakobuchi Formation, Yezo Group, Japan, Scientific Reports, 9:12389, https://doi.org/10.1038/s41598-019-48607-1

Yusuke Goto, Ken Yoda, Henri Weimerskirch, Katsufumi Sato, 2022, How did extinct giant birds and pterosaurs fly? A comprehensive modeling approach to evaluate soaring performance, PNAS Nexus, 1, 1–16

## 第2章

**《一般書籍》**

『アノマロカリス解体新書』監修: 田中源吾、著: 土屋 健、絵: かわさきしゅんいち、ブックマン社、2020年
『エディアカラ紀・カンブリア紀の生物』監修: 群馬県立自然史博物館、著: 土屋 健、2013年刊行、技術評論社
『大むかしの生物』共編: 八杉竜一、浜田隆士、1976年刊行、小学館
『機能獲得の進化史』監修: 群馬県立自然史博物館、著: 土屋 健、2021年刊行、みすず書房
『小学館の図鑑NEO　大むかしの生物』監修: 日本古生物学会、2004年刊行、小学館
『生命の大進化40億年史 古生代編』監修: 群馬県立自然史博物館、著: 土屋 健、2022年刊行、講談社
『生命40億年はるかな旅２進化の不思議な大爆発 魚たちの上陸作戦』著: NHK取材班、1994年

刊行、NHK出版
『前恐竜時代』監修: 佐野市葛生化石館、著: 土屋 健、2022年刊行、ブックマン社
『地球生命 水際の興亡史』監修: 松本涼子、小林快次、田中嘉寛、著: 土屋 健、2021年刊行、技術評論社
『デボン紀の生物』監修: 群馬県立自然史博物館、著: 土屋 健、2014年刊行、技術評論社
『バージェス頁岩化石図譜』著: Derek E. G. Briggs, Douglas H. Erwin, Fredrick J. Collier, 2003年刊行, 朝倉書店
『眼の誕生』著: アンドリュー・パーカー、2006年刊行、草思社
『ワンダフル・ライフ』著: スティーヴン・ジェイ・グールド、1993年刊行、早川書房
『GAINING GROUND SECOND EDITION』著: Jenifer A. Clack, 2012年刊行, Indiana University Press

**《プレスリリース》**
脊椎動物の水から陸への進出にともなう肺の進化を世界で初めて解明、東京慈恵医科大学ほか、2022年8月25日
4億年前の謎の脊椎動物の正体解明、理化学研究所・東京大学大学院理学系研究科、2022年5月26日
謎の古生物「タリーモンスター」、3D携帯解析で脊椎動物説に反証、2023年4月17日

**《WEBサイト》**
進化学: 脊椎動物の手の起源、nature、https://www.natureasia.com/ja-jp/nature/highlights/102673
マリンアクアリウム総合情報サイト、http://aquamarine-aquarium.com/
The Burgess Shale, https://burgess-shale.rom.on.ca/

**《学術論文など》**
Allison C. Daley, Gregory D. Edgecombe, 2014, Morphology of *Anomalocaris canadensis* from the Burgess Shale, Journal of Paleontology, 88(1), p68-91

Camila Cupello, Tatsuya Hirasawa, Norifumi Tatsumi, Yoshitaka Yabumoto, Pierre Gueriau, Sumio Isogai, Ryoko Matsumoto, Toshiro Saruwatari, Andrew King, Masato Hoshino, Kentaro Uesugi, Masataka Okabe, Paulo M. Brito, 2022, Lung evolution in vertebrates and the water-to-land transition, eLife, 11:e77156. DOI: https://doi.org/10.7554/eLife.77156

Dawid Mazurek, Michał Zaton, 2011, Is *Nectocaris pteryx* a cephalopod?, Lethaia, vol.44, p2–4

Derek E. G. Briggs, 2015, Extraordinary fossils reveal the nature of Cambrian life: a commentary on Whittington (1975) ‘The enigmatic animal *Opabinia regalis*, Middle Cambrian, Burgess Shale, British Columbia’. Phil. Trans. R. Soc. B 370 : 20140313

Desmond Collins, 1996, The “evolution” of *Anomalocaris* and its classification in the Arthropod class Dinocarida(nov.) and order Radiodonta(nov.), J. Paleont, 70(2), p280-293

F. S. Dunn, C. G. Kenchington, L. A. Parry, J. W. Clark, R. S. Kendall, P. R. Wilby, 2022, A crown-group cnidarian from the Ediacaran of Charnwood Forest, UK, Nature Ecology & Evolution, 6, p1095-1104

Graham E. Budd, 1996, The morphology of *Opabinia regalis* and reconstruction of the arthropod stem-group, LETHAIA, vol. 29, 1-14

Han Zeng, Fangchen Zhao, Kecheng Niu, Maoyan Zhu, Diying Huang, 2020, An early Cambrian euarthropod with radiodont-like raptorial appendages, Nature, vol.588, p101-105

Han Zeng, Fangchen Zhao, Zongjun Yin, Maoyan Zhu, 2017, Morphology of diverse radiodontan head sclerites from the early Cambrian Chengjiang Lagerstätte, south- west China, Journal of Systematic Palaeontology, DOI: 10.1080/14772019.2016.1263685

H. B. Whittington, F.R.S., D. E. G. Briggs, 1985, The largest Cambrian animal, *Anomalocaris*, Burgess shale, British Columbia, Phil. Trans. R. Soc. Lond., B 309, p569-609

Jean-Bernard Caron, Amélie Scheltema, Christoffer Schander, David Rudkin, 2006, A soft-bodied mollusc with radula from the Middle Cambrian Burgess Shale, Nature, vol.442, p159-163

J. Moysiuk, J.-B. Caron, 2019, A new hurdiid radiodont from the Burgess Shale evinces the exploitation of Cambrian infaunal food sources. Proc. R. Soc. B 286: 20191079

Joachim T. Haug, Andreas Maas, Carolin Haug, Dieter Waloszek, 2011, *Sarotrocercus oblitus* – Small arthropod with great impact on the understanding of arthropod evolution?, Bulletin of Geosciences, 86(4), p725–736

Joseph Moysiuk, Jean-Bernard Caron, 2022, A three-eyed radiodont with fossilized neuroanatomy informs the origin of the arthropod head and segmentation, Current Biology, https://doi.org/10.1016/j.cub.2022.06.027

Lauren Sallan, Sam Giles, Robert S. Sansom, John T. Clarke, Zerina Johanson, Ivan J. Sansom, Philippe Janvier, 2017, The 'Tully Monster' is not a vertebrate: characters, convergence and taphonomy in Palaeozoic problematic animals, Palaeontology, vol.60, Issue2, p149-157

Leif Tapanila, Jesse Pruitt, Cheryl, D. Wilga, Alan Pradel, 2018, Saws, scissors and sharks: Late Paleozoic experimentation with symphyseal dentition, The Anatomical Record, Special Issue Article

Leif Tapanila, Jesse Pruitt, Alan Pradel, Cheryl D. Wilga, Jason B. Ramsay, Robert Schlader, Dominique A. Didier, 2013, Jaws for a spiral-tooth whorl: CT images reveal novel adaptation and phylogeny in fossil *Helicoprion*, Biol. Lett. vol.9, 20130057

Markus Lambertz, Christen D. Shelton, Frederik Spindler, Steven F. Perry, 2016, A caseian point for the evolution of a diaphragm homologue among the earliest synapsids, Ann. N.Y. Acad. Sci., 1385(1) :3-20. doi: 10.1111/nyas.13264

Martin R. Smith, 2013, Nectocaridid ecology, diversity, and affinity: early origin of a cephalopod-like body plan, Paleobiology, 39(2), p297–321

Martin R. Smith, Jean-Bernard Caron, 2010, Primitive soft-bodied cephalopods from the Cambrina, Nature, vol. 465, p469-472

Martin R. Smith, Jean-Bernard Caron, 2011, *Nectocaris* and early cephalopod evolution: reply to Mazurek & Zatoń, LETHAIA, 10.1111/j.1502-3931.2011.00295.x

Martin R. Smith, Jean-Bernard Caron, 2015, *Hallucigenia*'s head and the pharyngeal armature of early ecdysozoans, Nature, vol.523, p75-78

Robert R. Reisz, Diane Scott, Sean P. Modesto, 2022, Cranial Anatomy of the Caseid Synapsid *Cotylorhynchus romeri*, a Large Terrestrial Herbivore From the Lower Permian of Oklahoma, U.S.A, Front. Earth Sci., 10:847560. doi: 10.3389/feart.2022.847560

T. A. Stewart, J. B. Lemberg, E. J. Hillan, I. Magallanes, E. B. Daeschler, N.H. Shubin, 2023, Axial regionalization in *Tiktaalik roseae* and the origin of quadrupedal locomotion, DOI:10.1101/2023.01.11.523301

Tatsuo Oji, Stephen Q. Dornbos, Keigo Yada, Hitoshi Hasegawa, Sersmaa Gonchigdorj, Takafumi Mochizuki, Hideko Takayanagi, Yasufumi Iryu, 2018, Penetrative trace fossils from the late Ediacaran of Mongolia: early onset of the agronomic revolution. R. Soc. open sci. 5: 172250

Tatsuya Hirasawa, Yuzhi Hu, Kentaro Uesugi, Masato Hoshino, Makoto Manabe, Shigeru Kuratani, 2022, Morphology of *Palaeospondylus* shows af f inity to tetrapod ancestors, Nature, vol.606, p109-112

Thomas A. Stewart, Justin B. Lemberg, Ailis Daly, Edward B. Daeschler, Neil H. Shubin, 2022, A new elpistostegalian from the Late Devonian of the Canadian Arctic, Nature, vol.608, p563-368

Tomoyuki Mikami, Takafumi Ikeda, Yusuke Muramiya, Tatsuya Hirasawa, Wataru Iwasaki, 2023, Three-dimensional anatomy of the Tully monster casts doubt on its presumed vertebrate affinities, Palaeontology, 2023, e12646

Victoria E. McCoy, Erin E. Saupe, James C. Lamsdell, Lidya G. Tarhan, Sean McMahon, Scott Lidgard, Paul Mayer, Christopher D. Whalen, Carmen Soriano, Lydia Finney, Stefan Vogt, Elizabeth G. Clark, Ross P. Anderson, Holger Petermann, Emma R. Locatelli, Derek E. G. Briggs, 2016, The 'Tully monster' is a vertebrate, Nature, vol.532, p496-499

Victoria E. McCoy, Jasmina Wiemann, James C. Lamsdell, Christopher D. Whalen, Scott Lidgard, Paul Mayer, Holger Petermann, Derek E. G. Briggs, 2020, Chemical signatures of soft tissues distinguish between vertebrates and invertebrates from the Carboniferous Mazon Creek Lagerstätte of Illinois, Geobiology, vol. 18, p560–565

Xingliang Zhang, Derek E. G. Briggs, 2007, The nature and significance of the appendages of *Opabinia* from the Middle Cambrian Burgess Shale, Lethaia, vol.40, p161–173

## 第3章

**《一般書籍》**

『大むかしの生物』共編: 八杉竜一、浜田隆士、1976年刊行、小学館
『怪異古生物考』監修: 荻野慎諧、著: 土屋 健、絵: 久 正人、2018年刊行、技術評論社
『キリン解剖記』著: 郡司芽久、2019年刊行、ナツメ社
『キリンのひづめ、ヒトの指』著: 郡司芽久、2022年刊行、NHK出版
『古第三紀・新第三紀・第四紀の生物　下巻』監修: 群馬県立自然史博物館、著: 土屋 健、2016年刊行、技術評論社
『地球生命 水際の興亡史』監修: 松本涼子、小林快次、田中嘉寛、著: 土屋 健、2021年刊行、技術評論社
『ふしぎがわかるしぜん図鑑　きょうりゅうとおおむかしのいきもの』監修: 水野丈夫、小畠郁生、1992年刊行、フレーベル館

《プレスリリース》
中国広東省で有史以降に人為的に絶滅した大型ワニを報告、2022年3月10日、名古屋大学

《WEBサイト》
SCINECE VOLUME220 ISSUE4595, https://www.science.org/toc/science/220/4595

《学術論文など》
Jack A. cooper, Catalina Pimiento, Humberto G. Ferrón, Michael J. Benton, 2020, Body dimensions of the extinct giant shark *Otodus megalodon*: a 2D reconstruction, Scientific Reports, 10:14596, https://doi.org/10.1038/s41598-020-71387-y

Jack A. Cooper, John R. Hutchinson, David C. Bernvi, Geremy Cliff, Rory P. Wilson, Matt L. Dicken, Jan Menzel, Stephen Wroe, Jeanette Pirlo, Catalina Pimiento, 2022, The extinct shark *Otodus megalodon* was a transoceanic superpredator: Inferences from 3D modeling, Sci. Adv., 8, eabm9424

Jeremy McCormack, Michael L. Griffiths, Sora L. Kim, Kenshu Shimada, Molly Karnes, Harry Maisch, Sarah Pederzani, Nicolas Bourgon, Klervia Jaouen, Martin A. Becker, Niels Jöns, Guy Sisma-Ventura, Nicolas Straube, Jürgen Pollerspöck, Jean-Jacques Hublin, Robert A. Eagle, Thomas Tütken, 2022, Trophic position of Otodus megalodon and great white sharks through time revealed by zinc isotopes, Nature Communication, 13:2980, https://doi.org/10.1038/s41467-022-30528-9

Juan Abella, David M. Alba, Josep M. Robles, Alberto Valenciano, Cheyenn Rotgers, Raül Carmona, Plinio Montoya, Jorge Morales, 2012, *Kretzoiarctos* gen. nov., the Oldest Member of the Giant Panda Clade, PLoS ONE, 7(11), e48985, doi:10.1371/journal.pone.0048985

Kenshu Shimada, 2019, The size of the megatooth shark, *Otodus megalodon* (Lamniformes: Otodontidae), revisited, Historical Biology, DOI: 10.1080/08912963.2019.1666840

Kenshu Shimada , Martin A. Becker, Michael L. Griffiths, 2020, Body, jaw, and dentition lengths of macrophagous lamniform sharks, and body size evolution in Lamniformes with special reference to 'off-the-scale' gigantism of the megatooth shark, *Otodus megalodon*, Historical Biology, DOI: 10.1080/08912963.2020.1812598

Kenshu Shimada , Matthew F. Bonnan , Martin A. Becker, Michael L. Griffiths, 2021, Ontogenetic growth pattern of the extinct megatooth shark *Otodus megalodon*— implications for its reproductive biology, development, and life expectancy, Historical Biology, https://doi.org/10.1080/08912963.2020.1861608

Masaya Iijima, Yu Qiao, Wenbin Lin, Youjie Peng, Minoru Yoneda, Jun Liu, 2022, An intermediate crocodylian linking two extant gharials from the Bronze Age of China and its human- induced extinction. Proc. R. Soc. B 289: 20220085

Megu Gunji, Hideki Endo, 2016, Functional cervicothoracic boundary modified by anatomical shifts in the neck of giraffes, R. Soc. open sci., 3: 150604, http://dx.doi.org/10.1098/rsos.150604

Qigao Jiangzuo, Nikolai Spassov, 2022, A late Turolian giant panda from Bulgaria and the early evolution and dispersal of the panda lineage, Journal of Vertebrate Paleontology, DOI: 10.1080/02724634.2021.2054718

Robert W. Boessenecker, Dana J. Ehret, Douglas J. Long, Morgan Churchill, Evan Martin, Sarah J. Boessenecker, 2019, The Early Pliocene extinction of the mega-toothed shark *Otodus megalodon*: a view from the eastern North Pacific, PeerJ 7:e6088, DOI 10.7717/peerj.6088

Shi-Qi Wang, Jie Ye, Jin Meng, Chunxiao Li, Loïc Costeur, Bastien Mennecart, Chi Zhang, Ji Zhang, Manuela Aiglstorfer, Yang Wang, Yan Wu, Wen-Yu Wu, Tao Deng, 2022, Sexual selection promotes giraffoid head-neck evolution and ecological adaptation, Science, 376, 1067, eabl8316

Xiaoming Wang, Denise F. Su, Nina G. Jablonski, Xueping Ji, Jay Kelley, Lawrence J. Flynn, Tao Deng, 2022, Earliest giant panda false thumb suggests conflicting demands for locomotion and feeding, Scientific Report, 12:10538, https://doi.org/10.1038/s41598-022-13402-y